英国大角星百科丛书

# 化学元素
# 情境大百科

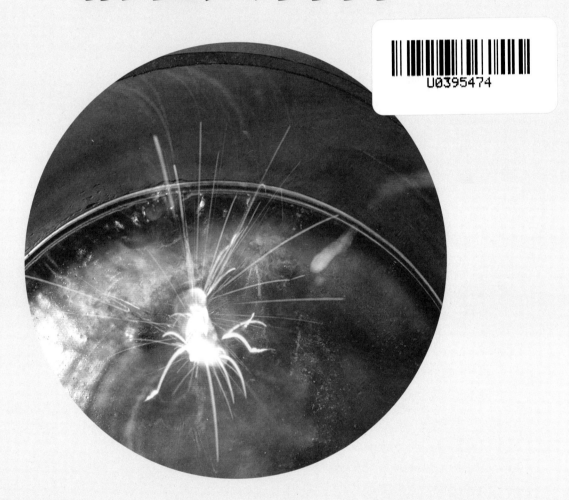

# Encyclopedia of the Periodic Table

【英】珍妮特·宾厄姆 编著　石　曼　郭晗铃 译

华东理工大学出版社
EAST CHINA UNIVERSITY OF SCIENCE AND TECHNOLOGY PRESS

·上海·

图书在版编目（CIP）数据

　　化学元素情境大百科 / (英) 珍妮特·宾厄姆编著；石曼, 郭晗铃译. -- 上海：华东理工大学出版社, 2024. 11. -- (英国大角星百科丛书). -- ISBN 978-7 -5628-7625-0

　　Ⅰ. O611-49

　　中国国家版本馆CIP数据核字第2024AK2375号

书名原文：Children's Encyclopedia of the Periodic Table

Copyright © Arcturus Holdings Limited

http://www.arcturuspublishing.com

All the credits to illustrations in this book can be found in original Arcturus' edition.

这本书中所有插图的版权信息见原版图书。

著作权合同登记号：09-2024-0773

项目统筹 / 郭　艳　郭晗铃

责任编辑 / 郭晗铃

责任校对 / 张　波

装帧设计 / 居慧娜

出版发行 / 华东理工大学出版社有限公司
　　　　　　地址：上海市梅陇路 130 号，200237
　　　　　　电话：021 - 64250306
　　　　　　网址：www.ecustpress.cn
　　　　　　邮箱：zongbianban@ecustpress.cn

印　　刷 / 上海雅昌艺术印刷有限公司

开　　本 / 889 mm × 1194 mm　1/16

印　　张 / 8

字　　数 / 180 千字

版　　次 / 2024 年 11 月第 1 版

印　　次 / 2024 年 11 月第 1 次

定　　价 / 80.00 元

# Contents
# 目录

# 引言

化学是研究物质的组成、结构、性质、转化及应用的科学，它涉及的领域广泛，从自然界的水和岩石，到人类制造的各种物质，都与化学相关。所有物质都由元素组成，这些元素是构建物质的基础。元素周期表则是我们理解这些元素特性及其相互关系的核心工具。

组成我们身体的元素可能起源于恒星内部，并在超新星爆炸时散布到宇宙中。

## 元素周期表

在元素周期表中，元素按原子序数（数值上等于原子核内的质子数）由小到大的顺序有序排列。这本书将详细探讨这些元素的来源、外观、行为特性，以及它们在我们的日常生活中所扮演的角色。同时，我们也会揭示哪些元素对人类至关重要，而哪些又可能成为致命的"毒药"。

## 原子结构

原子是化学变化中最小的微粒。我们可以通过研究原子内部更小的亚原子粒子（如质子）的数量，来确定一个原子属于哪种元素。

人类头发横截面的直径上可以排列数十万个原子。

## 族和周期

我们可以从元素周期表的周期和族中发现元素性质的变化规律。具体来说，同一周期的元素，从左至右，元素的性质呈现周期性的变化。而同一族的元素的化学性质相似，它们一般都属于同一类别。

第二族中的元素所形成的单质都是银白色的金属，且我们可以预测，该族中位于下方的元素的活泼性比位于其上方的元素的活泼性更强。

烟花表演中可以看到一些由化学反应引发的壮观景象。

## 化学反应

原子在化学反应中重新组合，通过化学键相互作用连接在一起，形成全新的化合物。

## 不寻常的相似之处

化学性质较活泼的两种元素——氟和铯，所形成的单质呈现出截然不同的物理性质：氟元素形成的单质是气体，而铯元素形成的单质则是金属。元素周期表为我们揭示了它们活泼性较强的原因。

至今，元素周期表在我们的科学研究中仍然起着至关重要的作用。它助力科学家们研发出成本更低、效率更高、更环保的新材料。

## 化学的发展进程

化学，作为一门古老而深奥的科学，始终伴随着人类对物质世界的不懈探索。德米特里·门捷列夫（Dmitri Mendeleev）在 1869 年编制的元素周期表，不仅让当时的化学知识更系统化，也为科学家们开辟了新的探索道路，激励他们勇敢地去发现未知的元素，并合成新的原子。

# 元素周期表

宇宙中的一切物体，包括我们自身，都是由物质构成的。地球上成千上万种物质都是由目前已知的 118 种元素组成，元素是构成物质的基础，每种元素都有其对应的独特的元素符号。

## 排列顺序

元素周期表根据元素的原子序数递增的顺序排列的，从质量最小的氢（H）一直排到质量最大的氮（Og），我们可以根据元素在周期表中的位置获取大量关于其性质的信息。

元素周期表中有 18 个纵列，每一个纵列叫作一个"族"（8、9、10 三个纵列共同组成第 Ⅷ 族）。同一族中的元素具有相似的化学性质。

元素周期表共有 7 个横行，每一个横行叫周期，这些重复出现的周期构成了元素周期表的基础。

| | IA 1 | IIA 2 | IIIB 3 | IVB 4 | VB 5 | VIB 6 | VIIB 7 | VIII 8 | VIII 9 |
|---|---|---|---|---|---|---|---|---|---|
| 1 | 1 H 氢 1.008 | | | | | | | | |
| 2 | 3 Li 锂 6.94 | 4 Be 铍 9.012 | | | | | | | |
| 3 | 11 Na 钠 22.99 | 12 Mg 镁 24.30 | | | | | | | |
| 4 | 19 K 钾 39.10 | 20 Ca 钙 40.08 | 21 Sc 钪 44.96 | 22 Ti 钛 47.87 | 23 V 钒 50.94 | 24 Cr 铬 52.00 | 25 Mn 锰 54.94 | 26 Fe 铁 55.84 | 27 Co 钴 58.93 |
| 5 | 37 Rb 铷 85.47 | 38 Sr 锶 87.62 | 39 Y 钇 88.91 | 40 Zr 锆 91.22 | 41 Nb 铌 92.91 | 42 Mo 钼 95.95 | 43 Tc 锝 [97] | 44 Ru 钌 101.1 | 45 Rh 铑 102.9 |
| 6 | 55 Cs 铯 132.9 | 56 Ba 钡 137.3 | 57~71 La~Lu 镧系 | 72 Hf 铪 178.5 | 73 Ta 钽 180.9 | 74 W 钨 183.8 | 75 Re 铼 186.2 | 76 Os 锇 190.2 | 77 Ir 铱 192.2 |
| 7 | 87 Fr 钫 [223] | 88 Ra 镭 [226] | 89~103 Ac~Lr 锕系 | 104 Rf 𬬻 [267] | 105 Db 𬭊 [268] | 106 Sg 𨭎 [269] | 107 Bh 𨨏 [270] | 108 Hs 𨭆 [269] | 109 Mt 𨭅 [277] |

镧系元素是指位于元素周期表中第 57 号元素至第 71 号元素这一系列性质非常相似的元素的统称。

| 57 La 镧 138.9 | 58 Ce 铈 140.1 | 59 Pr 镨 140.9 | 60 Nd 钕 144.2 | 61 Pm 钷 [145] | 62 Sm 钐 150.4 | |
|---|---|---|---|---|---|---|
| 89 Ac 锕 [227] | 90 Th 钍 232.0 | 91 Pa 镤 231.0 | 92 U 铀 238.0 | 93 Np 镎 [237] | 94 Pu 钚 [244] | |

过渡金属和后过渡金属具有相似的化学性质。

### 图例说明

- 🟥 碱金属
- 🟧 碱土金属
- 🟨 过渡金属
- 🟩 后过渡金属
- 🟦 准金属
- 🟨 非金属
- 🟧 卤素
- 🟥 稀有气体
- ▨ 镧系元素
- ▧ 锕系元素

**你知道吗**

我们通常将元素划分为金属元素和非金属元素，但有七种元素属于准金属，它们在某些性质上类似于金属，而在其他方面则表现出非金属的特性。

亨尼希·布兰德
Hennig Brand
1630—?

亨尼希·布兰德是一位德国化学家，他渴望找到传说中的"贤者之石"——炼金术士们认为这种石头可以将廉价金属转化为黄金。他认为人类尿液可能是关键所在，因此他收集了大量尿样进行实验。尽管他最终未能找到他梦寐以求的贤者之石，但他却意外地成为有记录以来第一个从有机物中提取新元素的人。他在尿液中发现了一种白色物质，并将其命名为磷，意为"光之使者"，因为这种物质具有在黑暗中发光的独特性质。

不同版本的周期表有时会使用不同的编号体系。例如，第 0 族可能被称为第 18 族。

## 化学符号

每个元素都有其对应的元素符号，有些元素符号比较简单，由一个字母构成，例如，H 代表氢。有些元素符号是由两个字母构成，例如 Na 代表钠。元素的原子序数表明了它在周期表上的位置。元素的原子的相对原子质量是其与一个碳 12 原子的质量的 1/12 的比值。

| | | | | | | | | $0_{18}$ |
|---|---|---|---|---|---|---|---|---|
| | | | $\text{III}A_{13}$ | $\text{IV}A_{14}$ | $\text{V}A_{15}$ | $\text{VI}A_{16}$ | $\text{VII}A_{17}$ | 2 He 氦 4.003 |
| | | | 5 B 硼 10.81 | 6 C 碳 12.01 | 7 N 氮 14.01 | 8 O 氧 16.00 | 9 F 氟 19.00 | 10 Ne 氖 20.18 |
| $\text{VIII}_{10}$ | $\text{IB}_{11}$ | $\text{IIB}_{12}$ | 13 Al 铝 26.98 | 14 Si 硅 28.08 | 15 P 磷 30.97 | 16 S 硫 32.06 | 17 Cl 氯 35.45 | 18 Ar 氩 39.95 |
| 28 Ni 镍 58.69 | 29 Cu 铜 63.55 | 30 Zn 锌 65.38 | 31 Ga 镓 69.72 | 32 Ge 锗 72.63 | 33 As 砷 74.92 | 34 Se 硒 78.97 | 35 Br 溴 79.90 | 36 Kr 氪 83.80 |
| 46 Pd 钯 106.4 | 47 Ag 银 107.9 | 48 Cd 镉 112.4 | 49 In 铟 114.8 | 50 Sn 锡 118.7 | 51 Sb 锑 121.8 | 52 Te 碲 127.6 | 53 I 碘 126.9 | 54 Xe 氙 131.3 |
| 78 Pt 铂 195.1 | 79 Au 金 197.0 | 80 Hg 汞 200.6 | 81 Tl 铊 204.4 | 82 Pb 铅 207.2 | 83 Bi 铋 209.0 | 84 Po 钋 [209] | 85 At 砹 [210] | 86 Rn 氡 [222] |
| 110 Ds 𫟼 [281] | 111 Rg 𬬭 [282] | 112 Cn 鿔 [285] | 113 Nh 𫟷 [286] | 114 Fl 𫓧 [290] | 115 Mc 镆 [290] | 116 Lv 𫟷 [293] | 117 Ts 𬭢 [294] | 118 Og 𭓇 [294] |

| 63 Eu 铕 152.0 | 64 Gd 钆 157.2 | 65 Tb 铽 158.9 | 66 Dy 镝 162.5 | 67 Ho 钬 164.9 | 68 Er 铒 167.3 | 69 Tm 铥 168.9 | 70 Yb 镱 173.0 | 71 Lu 镥 175.0 |
|---|---|---|---|---|---|---|---|---|
| 95 Am 镅 [243] | 96 Cm 锔 [247] | 97 Bk 锫 [247] | 98 Cf 锎 [251] | 99 Es 锿 [252] | 100 Fm 镄 [257] | 101 Md 钔 [258] | 102 No 锘 [259] | 103 Lr 铹 [262] |

| 3 | Li |
|---|---|
| 锂 | |
| 6.94 | |

元素符号

原子序数

相对原子质量

锂（Li）是元素周期表上的第 3 号元素。由相对原子质量可知，一个锂原子的质量约是一个氢原子的 7 倍。

锕系元素位于周期表中的第 89 号元素至第 103 号元素。镧系元素和锕系元素被分成两行排列。

# 元素与化学物质

元素是组成物质的基本单位，是质子数相同的一类原子的总称。原子通常以化合物的形式存在，化合物内的原子之间通常靠化学键结合在一起。虽然截至目前仅发现了118种元素，但是不同元素的原子可以通过化学键结合，形成成千上万种不同的物质。

## 化合物与混合物

氢元素（H）和氯元素（Cl）结合，形成了一种名为氯化氢的化合物，其化学式为HCl，表明一个氢原子与一个氯原子通过化学键结合，构成了氯化氢分子。

同样，一个氧原子（O）和两个氢原子（H）通过化学键结合形成一个水分子（$H_2O$）。此外，物质内部并非总以化学键相连接，例如空气中的气体分子就是由多种气体混合而成，不同的气体分子间以分子间的作用力相互作用的。

空气由氮气（约占78%）、氧气（约占21%），以及水蒸气等其他气体（共约占1%）组成。在执行任务时，潜水员和宇航员有时会呼吸氧气含量较高的气体混合物。

未烹饪的蛋糕坯是一种混合物，含有多种物质。在烹饪过程中，蛋糕坯中的物质会发生化学反应，使它们的性质发生变化。因此，一旦烘焙完成，便无法将蛋糕恢复到未烘焙前的状态。

## 纯净物与混合物

纯净物中仅含有一种物质，这种物质可以是仅由一种元素组成的单质，比如金；也可以是由两种元素组成的化合物，比如水。通常，由纯净物转化为其他物质需要经过化学变化才能实现。混合物则是由两种或多种物质混合而成的物质，一些混合物可以通过简单的物理方法（例如，从意大利面中挑出豌豆）进行分离，无需发生化学反应。

铁屑和沙子的混合物能够轻易分离，因为铁屑具有磁性，而沙子没有。

  **你知道吗** 人身体中的元素最初是在恒星内部产生的，或是在宇宙大爆炸后的某个时期诞生的。

汉弗莱·戴维出生于1778年，是一位英国化学家，是电化学领域的重要开拓者之一。电化学是一门研究化学反应中电现象的科学，戴维利用当时新发明的电池，进行电分解化学实验。在1807年至1808年间，他运用这一方法成功地从化合物中分解出了钾、钠、钙、锶、钡和镁等多种物质。

甜点中的蔗糖是一种纯净物，由碳、氢和氧这三种元素组成。

氦气球内填充的气体是氦气，其仅由氦原子组成，是纯净物。由于氦气比空气轻，所以它能够在空中飘浮。

碳酸饮料是由水、二氧化碳气体（$CO_2$）等物质混合而成。当气泡上升至液体表面时，二氧化碳气体便逐渐释放出来。

# 原子与物质

我们周围的所有物质都是由各种微粒构成，这些微粒可能是原子，也可能是分子。将这些微粒想象成微小的球体，可以帮助我们理解固体、液体和气体会表现出不同的性质和状态的原因。

## 物质的状态

固态、液态和气态是物质的三种基本状态。固体通常有固定的形状，而液体和气体则没有固定的形状，且形状会根据容器的形状而改变。固体和液体具有固定的体积和密度，而气体的体积则会随着微粒的间距的增加而变大，导致密度变小。

日本猕猴喜欢在温泉中沐浴，这些温泉的水是从地下涌出的热水。

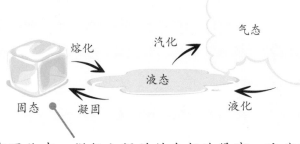

在固体中，微粒之间的结合极为紧密，这些微粒只能在固定位置上振动。然而，当这些微粒获得足够的能量时，它们就结合得没有那么紧密了，微粒之间的间距会变大，这会导致固体熔化为液体。随着微粒之间的间距进一步变大，液体最终会汽化为气体。

一个水分子包含一个氧原子和两个氢原子。水分子会四处移动，但这三种原子之间通过化学键紧密地结合在一起。

## 值得铭记的时刻

约翰·道尔顿
John Dalton
1766—1844

英国科学家约翰·道尔顿出生于1766年，当时人们已经知道物质由微小的粒子，即原子构成，但对原子的本质和特性了解有限。道尔顿通过研究发现，每种元素的原子都是不同的。他基于不同元素的原子具有不同的大小和质量这一观点，提出了原子论。

## 物质状态转变

　　物质状态的改变是一种物理变化，是可逆的变化，如液态水凝固成冰或冰在阳光下熔化。物质状态的变化主要受到温度的影响：当温度升高时，粒子获得能量并开始相互远离，这导致同一个物质的气体的密度往往低于液体，液体的密度往往低于固体。

物质的状态在特定条件下，比如在特定的温度下会发生变化。化学家根据物质的熔点和沸点的不同来鉴别和分离不同的物质。

当水凝固成冰时，水分子之间通过相互作用力紧密结合在一起。当温度升高时，这些水分子会获得足够的能量来克服它们之间的相互作用力，此时，冰会慢慢熔化。

水蒸气是水的气态形式。在蒸发过程中，水分子会克服分子间的相互作用力，逃逸到空气中。

液体加热至沸点时，液体中的微粒将获得足够的能量克服微粒间的相互作用力，从而使液体变为气体。

除了固态、液态和气态，物质还有第四种存在状态——等离子体。我们可以在闪电、极光、辉光球中观察到等离子体的存在。

# 原子结构

原子由更小的亚原子粒子组成，这些粒子包括质子、中子和电子等。不同元素的原子具有不同数量的亚原子粒子。元素周期表就是根据这些元素的原子中的质子数排列的。

原子核由质子和中子组成，原子核相比于整个原子来说，体积占比很小，但质量占比很大。

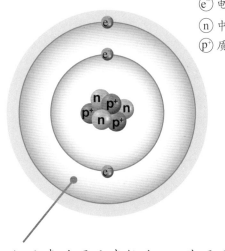

ⓔ 电子
ⓝ 中子
ⓟ 质子

## 质子和电子

原子的中心区域，即原子核，包含了质子和中子，原子核虽占据了原子中极小的空间，但几乎集中了原子的所有的质量。质子的数量决定了元素的种类及其在元素周期表中的位置，元素的原子序数在数值上等于质子数。质子有一定的质量并带有正电荷，因此原子核整体上带有正电荷。而电子的质量很小，带有负电荷，它们在原子核外的电子层中运动。一个原子中的质子数和电子数相等，这使得整个原子呈电中性。

锂元素的原子序数为3，其原子核内有3个质子。锂的一种核素（具有一定数目质子和一定数目中子的原子）包含3个中子，其原子核外的3个电子则分布在两个能级不同的电子层中。

## 中子

中子位于原子核内，它们有一定的质量但不带电荷。一个原子中的质子数和中子数之和就等于原子的质量数。元素的不同核素含有不同数量的中子，这些核素互称为同位素。元素的相对原子质量是将它的各种核素的相对原子质量按各种核素的丰度而取的平均值，因此它可能是一个带有小数的数值。

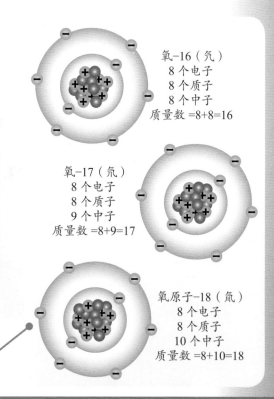

氧-16（氜）
8个电子
8个质子
8个中子
质量数 =8+8=16

氧-17（氜）
8个电子
8个质子
9个中子
质量数 =8+9=17

氧原子-18（氜）
8个电子
8个质子
10个中子
质量数 =8+10=18

氧原子有8个质子和8个电子。最常见的氧原子是氧-16，它有8个中子。其他氧元素的原子则有9个或10个中子。

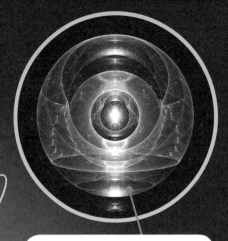

最内层的电子层，即最靠近原子核的电子层，最多可以容纳 2 个电子。第二层电子层最多可以容纳 8 个电子。

想象一下，原子的电子在围绕原子核的电子层中快速运动，这些电子层就像是一个个"力场"，电子被"力"束缚在电子层中。

原子核外部的大部分空间是空的。电子被数量相等但电性相反的质子所吸引。

半径更大的原子拥有更多的电子层。电子会首先填充离原子核最近的电子层，然后才会填充离原子核较远的电子层。

## 值得铭记的时刻

欧内斯特·卢瑟福
Ernest Rutherford
1871—1937

卢瑟福 1871 年出生于新西兰，是一位杰出的英国物理学家。1909 年，他进行了一项开创性的实验，用带正电的 α 粒子轰击极薄的金箔。大多数 α 粒子能够穿过金箔，这揭示了原子内部大部分空间是空的。然而，少数 α 粒子被反弹回来，这说明了原子中心存在质量集中的、带正电荷的区域。通过这个实验，卢瑟福提出了有核原子模型，并发现了原子核内部的带正电荷的粒子——质子。

 **你知道吗**

如果将一个原子放大到足球场那么大，那么原子核就像足球场中央的一颗小弹珠，而电子就像在足球场中快速运动的微小尘埃。

# 化学键

每个原子的电子层数和每层容纳的电子个数是由原子的电子结构决定的，当原子的最外层电子层被填满时，原子会变得稳定且不易发生反应。如果原子的最外层电子层未被填满，那么它会与其他原子结合，通过得到电子、失去电子或共用电子，以实现原子的最外层电子层被填满的稳定状态。

死海中自然形成的晶体是氯化钠。氯化钠可由金属钠和有毒性的氯气反应得到。

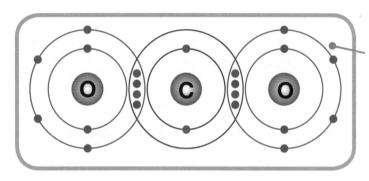

二氧化碳是通过共价键形成的化合物，分子中一个碳原子与两个氧原子共用电子。这样，每个原子的最外层电子层最终都是由 8 个电子填满的稳定状态。

## 共价键与离子键

共价键是指原子间通过共用电子形成的化学键，这些化学键将两个或多个原子连接成一个整体。离子键的形成过程中，一个原子会将电子转移给另一个原子，当原子失去或获得电子后，它就成为带电荷的离子，这些带电荷离子会被带有相反电荷的离子所吸引，形成离子键。

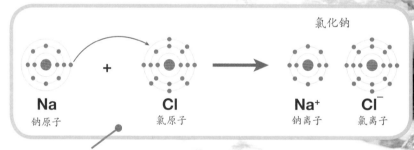

氯化钠

| Na | Cl | Na⁺ | Cl⁻ |

**Na** 钠原子　　**Cl** 氯原子　　**Na⁺** 钠离子　　**Cl⁻** 氯离子

氯化钠是通过离子键形成的化合物。在这个过程中，一个钠原子将 1 个电子转移给一个氯原子，从而形成了带正电荷的钠离子（$Na^+$）和带负电荷的氯离子（$Cl^-$）。这两种离子交替排列，形成了氯化钠晶体。

## 值得铭记的时刻

约瑟夫·约翰·汤姆孙
Joseph John Thomson
1856—1940

1897 年英国物理学家汤姆孙通过阴极射线实验首次发现电子。汤姆孙观察到，当电流通过气体时，会产生一种粒子流，这些粒子后来被命名为电子，它们的质量远小于原子。他的实验结果表明，原子内部存在电子。

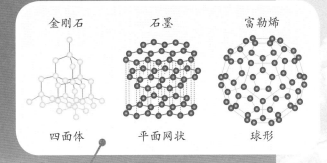

金刚石　　石墨　　富勒烯

四面体　　平面网状　　球形

在金刚石中，每个碳原子形成了四个共价键。在石墨中，每个碳原子形成了三个共价键。富勒烯是碳的另一种单质，在富勒烯中，每个碳原子也以共价键相连。

## 同素异形体

原子间可以通过化学键形成单质，相同的原子可以以不同的排列方式构成不同的单质，这些单质互为同素异形体。例如，金刚石和石墨都是碳的单质，它们互为同素异形体，但它们的物理性质却大相径庭：金刚石是天然物质中最硬的物质，而石墨则相对柔软。

食盐的主要成分是氯化钠，其晶体具有清晰的直角边缘，这是因为氯化钠晶体中钠离子和氯离子以一种有序的模式连接在一起，形成了规则的晶格结构。

金属钠具有良好的导电性能，这是因为其内部的电子可以自由移动。相比之下，在氯化钠结构中，带电的离子被离子键紧紧"锁住"，导致固态的氯化钠无法导电。

氯化钠有一个庞大的晶体结构，其立方晶格中，钠离子和氯离子整齐有序地交替排列。

# 元素周期表的结构

元素周期表是根据原子序数（数值上等于质子数）来排列的。每个原子都拥有数量与质子数相等的电子，因此原子呈电中性。元素原子最外层的电子叫价电子。有些元素的化合价与原子的次外层或倒数第三层的部分电子有关，这部分电子也叫价电子。它们是决定原子化学性质的关键因素。

第ⅠA族元素被称为碱金属元素，它们的价电子数为1，最外层只有一个电子，碱金属元素的原子容易失去这个电子或与其他原子共用这个电子。而位于第0族的元素，其最外层已经填满，它们的价电子数为0，因此化学性质非常稳定，不易与其他原子结合。

元素周期表中的每一族都有自己的名称。第ⅡA族被称为碱土金属元素。第ⅦA族被称为卤素。

元素周期表中同一主族的元素的最外层电子数相同，即价电子数目相同，因此它们具有相似的化学性质。

随着原子序数的增加，从含1个质子和1个电子的氢元素（第1号元素）到含10个质子和10个电子的氖元素（第10号元素），前10个元素的质子数逐渐增大。

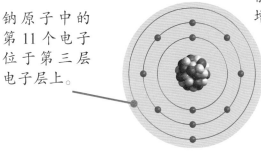

钠原子中的第11个电子位于第三层电子层上。

● 11个质子　◐ 12个中子　● 11个电子

元素周期表中的行称为周期。第二周期的元素的原子有两层电子层，第三周期的元素的原子有三层电子层，依此类推。

## 电子层

原子中不同的电子层能够容纳的电子数量可能不同。填满第一层电子层需要2个电子，而填满第二层则需要8个电子。原子的大小通常随着原子的电子层数的增加而逐渐增大。

**你知道吗**　一些体积较小的原子如氢原子、氦原子的化学性质十分稳定，它们原子中质子和中子的数量大致相等。而对于体积更大的原子，它们需要更多的中子来维持稳定。例如，铅原子（具有82个质子）在拥有126个中子时特别稳定。

## 价电子

价电子会参与原子间化学键的形成。价电子的数量能在一定程度上反映原子形成化学键的能力。第 0 族元素的原子的价电子数为 0，它们的化学性质是稳定的，因为它们的最外层电子层已经填满，无法再与其他电子形成化学键。第ⅠA 族元素的原子的价电子数为 1，这意味着它们的最外层电子层只有 1 个电子，原子很容易失去电子。而第ⅦA 族元素的原子的价电子数为 7，这意味着它们的最外层电子层缺 1 个电子就能形成稳定的结构，因此它们会容易得到 1 个电子来填满最外层电子层。

第ⅠA 族是碱金属元素。它们所形成的单质与水的反应非常剧烈，常常会引发爆炸。

第二周期的元素具有 2 个电子层：第一层含有 2 个电子，第二层的电子数随着该周期元素的原子序数的增加而增加，锂的第二层有 1 个电子，氖的最外层有 8 个电子。

**值得铭记的时刻**

威廉·拉姆齐
William Ramsay
1852—1916

1894 年，拉姆齐和瑞利勋爵（Lord Rayleigh）从空气中分离出一种难以与其他物质反应的新气体，也是最早被发现的稀有气体——氩气。这种气体呈现出了极高的化学惰性，因此他们将其命名为"氩（argon）"（意为"不活泼"）。拉姆齐的这一发现为元素周期表增添了新的一族元素——稀有气体元素，也就是现在的第 0 族元素。

15

# 金属和非金属

在元素周期表中，大多数元素是金属元素，它们位于元素周期表的左侧和中部，非金属元素则位于元素周期表的右侧。在金属元素与非金属元素的分界处，存在半金属元素，这些元素有时表现出类似金属的特性，它们常被用于制作半导体（在外界影响下，有时能导电，有时不能导电）。

金属通常坚硬且表面有光泽，具有较高的熔点和沸点。它们导热和导电性较好，同时也易于塑形，在被敲击时会发出清脆的声响。

## 化学反应

金属元素和非金属元素在化学反应中的表现大相径庭。金属元素倾向于失去电子并与非金属元素形成离子键，而非金属元素则通常通过共用电子对形成共价键。金属通常能与酸发生反应，而非金属通常不与酸发生反应。此外，一些金属能与水反应生成碱，而一些非金属氧化物常与水反应生成酸。

硅是一种半金属元素，它的导电性介于金属和绝缘体之间。硅的脆性类似非金属，在经过掺杂处理后，它能有效地导电。这些特性使得硅被广泛用于制造硅芯片。

## 过渡金属

位于元素周期表中第 3 列到第 12 列的元素被称为过渡金属元素，它们具有独特的化学性质。在形成化学键时，过渡金属元素能够利用不同能级（或称为轨道）上的电子，呈现出多样化的电荷状态。例如，铜元素可以失去一个电子形成 $Cu^+$，或失去两个电子形成 $Cu^{2+}$。

二价铬离子 $Cr^{2+}$
三价铬离子 $Cr^{3+}$
铬酸根离子 $CrO_4^{2-}$
重铬酸根离子 $Cr_2O_7^{2-}$

过渡金属元素独特的键合能力使得其形成的不同氧化态的离子在溶液中呈现出丰富多样的色彩，比如上图中铬元素的不同氧化态呈现出不同的色彩。

 你知道吗

常温常压下氢气通常为非金属，但在超高压等条件下，如在木星的中心区域，氢能表现出金属性质。

大多数的电子设备和集成电路都是基于硅等半导体材料制造的。

非金属通常表现出较差的导热性和导电性，其熔点和沸点也相对较低。塑料就是一种非金属材料。

碳元素是一种重要的非金属元素。生物体主要由有机物组成，有机物的分子骨架由碳原子构成，上面连接有氢、氧等其他元素。

**值得铭记的时刻**

伊雷娜·约里奥-居里
Irène Joliot-Curie
1897—1956

1935 年，伊雷娜·约里奥-居里和她的丈夫弗雷德里克·约里奥-居里共同荣获诺贝尔化学奖。他们通过将氦原子核投射到铝箔上，得到了一种放射性的磷同位素。

# 早期的化学

在早期，人类就开始利用多种资源，从草药到金属，来制造他们所需的物品。人类对材料的探索和好奇，随着时间的推移逐渐演变为对自然界进行系统性研究的现代科学。

## 哲学家

早在公元前 500 年，早期的哲学家们开始探索物质的本质。古希腊哲学家亚里士多德认为，土、空气、火和水是构成世间万物的四种基本元素。他的这些观点促进了人们对物质的研究，推动了早期的炼金术。

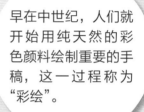

早在中世纪，人们就开始用纯天然的彩色颜料绘制重要的手稿，这一过程称为"彩绘"。

早期的狩猎采集者偶然发现，某些植物不仅可以食用，还能作为医药或染料的原料。

史前时期，人类就已经对金属有所了解，并能加工像金和铜这样的金属单质。他们还通过混合这些金属炼成合金，来改进金属的性能。

## 草药医师与炼金术士

在中世纪，草药医师和治疗师忙于研制药物和化妆品的配方，而炼金术士则沉迷于寻找传说中的"贤者之石"。他们坚信"贤者之石"能够治愈疾病，并能将普通金属转化为黄金。他们着手开发实验技术和实验设备，在这一过程中意外地发现和合成了真正的元素和化合物，这些工作为现代化学的发展奠定了基础。

为了制作颜料，人们将粉末状的颜料与黏合剂混合，这些黏合剂可能是蜂蜜、鸡蛋黄或耳蜡。

早期，人们常使用的矿物颜料包括金箔、铅氧化物、硫化砷和木炭等，有机染料则来源于动物或植物的提取物。

考古学家发现了一位大约生活在公元前1000年的女性，在她的牙齿中发现了蓝色青金石的痕迹，这可能是因为她在绘画时有舔画笔的习惯。

## 值得铭记的时刻

希帕蒂娅
Hypatia
370—415

希帕蒂娅是公元4世纪的埃及数学家、天文学家、哲学家和炼金术士。她认为将水煮沸可以让水变"纯净"。的确，煮沸水可以杀死水中的微生物，使水变得适合饮用。

**你知道吗**

在公元前5世纪，希腊哲学家德谟克利特（Democritus）提出了物质由不可见的微小粒子构成的观点，并将这些粒子命名为"原子"（它源自希腊语"atomos"，意为"不可再分"）。然而，这一理念经过了数个世纪才逐渐被世人接受。

# 第一张元素周期表

到 18 世纪末期，人类已经发现了约三四十种元素。1789 年，安托万·拉瓦锡（Antoine Lavoisier）在《化学概要》一书中提出了第一个元素分类表。随着新元素的不断涌现，科学家们开始探索更有效的元素排列方式。

## 德米特里·伊万诺维奇·门捷列夫

19 世纪，科学家们开始根据元素的相对原子质量对已知元素进行排列。1869 年，被誉为"周期表之父"的俄国化学家门捷列夫编制了第一张元素周期表——他发现了元素性质的周期性规律，根据这些周期性规律对元素进行了排列。他还预言了类硼、类铝和类硅元素的性质，并在周期表中为它们留下了空位。这些预言后来被证实是正确的，相应的元素分别被确认为钪、镓和锗。

门捷列夫编制的元素周期表被科学界认为是现代元素周期表的鼻祖。

安托万·拉瓦锡也为元素周期表的发现作出了重要的贡献，他根据元素的特性将它们进行分类，包括气体、非金属、金属和土类元素。

在纽兰兹去世一百年后，人们建了一座纪念碑来纪念他的贡献。

## 约翰·纽兰兹

在门捷列夫发表他的周期表之前，英国化学家约翰·纽兰兹提出了"八音律"理论（1865 年）。该理论指出，在已知元素列表中，每到第八个元素就会出现和第一个元素相似的性质，就如同音乐中的八度音阶一样重复出现。

**你知道吗**

在 1774 年之前，科学家们普遍认为物质燃烧时会释放一种名为"燃素"的气体，并认为当空气中含有过多的燃素时，物质就会停止燃烧。这一理论在 1774 年被法国化学家安托万·拉瓦锡的实验所推翻。

本生和基希霍夫
Bunsen & Kirchhoff
1811—1899

1859 年，罗伯特·本生和古斯塔夫·基希霍夫发明了一种光谱分析的方法，这一方法对化学分析和天体物理学产生了深远的影响。他们通过使用分光镜和棱镜的组合，研究了通过火焰产生的不同元素的光谱，从而能够识别和分析物质的组成。他们利用这一方法发现了一些新的元素，如矿泉水中的铯和锂云母矿石中的铷，还发明了用于火焰测试的本生灯。

稀有气体直到门捷列夫编制元素周期表之后的 19 世纪 90 年代，才被人们发现。

经过深思熟虑，门捷列夫编制了元素周期表。他认为碘应该排在碲之前，因为碘的质量更小。门捷列夫决定将碲和碘的位置互换（碲放在碘前），然而这在当时看来似乎并不合逻辑。后来，同位素的发现证明门捷列夫是正确的。

门捷列夫最初将相似的元素按照水平行进行排列的，但随后他改变了策略，将它们按照垂直列来放置——这就形成了我们今天所使用的元素周期表中的族和周期。

在俄罗斯圣彼得堡，有一座纪念门捷列夫的杰出贡献的纪念碑。

# 读懂元素周期表

元素周期表中的元素按照一定的顺序排列，随着原子序数的递增，元素周期表中的元素的性质呈现周期性变化的规律。通过观察元素的原子序数及其在周期表中的位置，我们可以预测其物理和化学性质。

## 元素周期律

元素周期表中，下一个周期的元素的原子总是比上一个周期的多一层电子层。同一主族中的元素都拥有相同数量的最外层电子数，这使得它们展现出相似的化学性质。

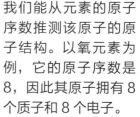

我们能从元素的原子序数推测该原子的原子结构。以氧元素为例，它的原子序数是8，因此其原子拥有8个质子和8个电子。

第0族元素，也就是稀有气体元素中，下方的元素的原子总比上方的元素的原子多一层电子层，它们的最外层被电子填满，因此它们的化学性质不活泼。

第ⅠA族的元素原子的最外层都有1个电子。在化学反应中，它们非常容易失去电子，因此它们的化学性质很活泼。

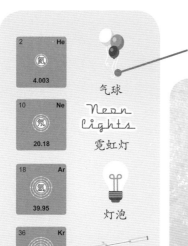

气球

Neon lights
霓虹灯

灯泡

氪激光器

氙气灯

## 卤族元素

元素周期表中，第ⅦA族元素的原子，即卤素原子的最外层电子层中有7个电子。基于此，我们可以预测卤素原子很容易与其他原子形成化学键，因为它们只需再获得1个电子即可填满最外层电子层。然而，随着原子序数的增加，卤素原子越来越难以与其他原子形成化学键，这是因为随着卤素原子体积的增大和电子层数的增加，其原子核吸引电子的能力减弱。

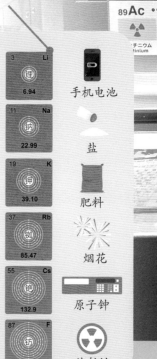

手机电池

盐

肥料

烟花

原子钟

放射性

氧原子有 2 层电子层，第一层中有 2 个电子，第二层中有 6 个电子。

氧元素和硫元素（原子序数为 16）都属于第ⅥA族。它们都很容易与其他元素结合在一起形成化合物。氧元素和硫元素的矿石在地壳中十分常见。

第ⅦA族的元素所形成的单质看起来各不相同，但它们的化学性质都很活泼，具有刺激性气味，且有毒。除此之外，一些含有卤素的物质被用于制作消毒剂。

半径较大的原子更不稳定。在元素周期表中，铹元素（原子序数为 103）之后的元素都具有放射性，它们的原子核在衰变过程中释放粒子，从而产生辐射。

## 值得铭记的时刻

莉丝·迈特纳
Lise Meitner
1878—1968

迈特纳是一位物理学家，她于 1878 年出生于奥地利，致力于放射性元素的相关研究。1938 年，奥托·哈恩（Otto Hahn）和弗里茨·施特拉斯曼（Fritz Strassmann）用中子轰击铀时，发现了核裂变的现象，迈特纳随后提出了这一现象的理论解释。为了纪念她的科学贡献，1982 年，109 号元素䥑以她的名字命名。

**你知道吗**

由于原子核过大，铀（原子序数 92）之后的元素在地球上无法稳定存在。科学家们在实验室中人工合成了这些元素，但它们通常在极短的时间内就会发生衰变而变为其他元素。

# 氢

在元素周期表中，氢元素位于第一周期第 I A 族，它的原子中仅有 1 个质子和 1 个电子，这个电子占据了它唯一的电子层。氢元素是宇宙中最简单且十分重要的元素。

## 生命不可或缺的元素

氢元素是生命不可或缺的元素，同时它所形成的单质氢气也是最轻的气体。尽管它位于元素周期表的第 I A 族，但氢元素并不属于碱金属元素。然而，与碱金属元素的原子相似，氢原子拥有一个极易失去的电子，这使得它能够迅速与其他原子结合，形成多种化合物，这些化合物广泛存在于各种生物分子中。当氢原子与氧原子结合时，会生成水，水分子间特殊的氢键赋予了水独特的性质，这些性质对维持生命系统的稳定性而言至关重要。

在宇宙中，存在一些特定的区域，这些区域富含氢气和尘埃，它们是新恒星形成的"摇篮"。以鹰状星云为例，它位于距离我们约 6 500 光年之遥的宇宙深处，在这里氢气和尘埃聚集形成了宏伟壮观的柱状结构，被称为"创生之柱"。

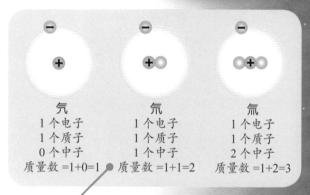

| 氕 | 氘 | 氚 |
|---|---|---|
| 1 个电子 | 1 个电子 | 1 个电子 |
| 1 个质子 | 1 个质子 | 1 个质子 |
| 0 个中子 | 1 个中子 | 2 个中子 |
| 质量数 =1+0=1 | 质量数 =1+1=2 | 质量数 =1+2=3 |

氢元素最常见的一种核素是氕。除此之外，氢还有两种核素：氘和氚。氘含有 1 个中子，而氚含有 2 个中子。

在燃料电池中，氢气与氧气发生反应并产生电，产生的电用于驱动电动汽车。这一过程产生的唯一副产品就是水。

## 氢元素的应用

氢元素在多个行业中都展现出广泛的应用价值，不仅涵盖肥料、制药、食品和塑料工业等多个领域，还在电子和玻璃制造过程中发挥着关键作用。除此之外，氢气作为一种新型清洁燃料备受瞩目，但其生产过程中的电力消耗可能会对环境产生一定影响。此外，氢气与氧气的混合气体在某些条件下可能发生剧烈反应，导致爆炸，因此氢气使用的安全问题也不容忽视。

太阳通过核聚变释放出巨大的能量。或许在未来某一天，核聚变发电站能够模仿太阳的这一过程，为我们提供丰富且环保的能源。

尘埃和气体逐渐聚集在一起，形成团块，当团块中心温度和压力达到一定程度时，氢原子核开始发生核聚变。这个过程中，氢原子核转化为氦原子核，并释放出大量的光和热，这标志着一颗新星的诞生。

在木星内部极端的高压环境中，氢元素会呈现出类似金属元素的特性。

1    H
氢
1.008

原子序数：1
熔点：−259℃
沸点：−253℃
地壳含量：0.76%
发现年份：1766 年
族：第ⅠA 族
分类：非金属

你知道吗
氢是宇宙空间中最常见的一种元素，宇宙中的这些氢原子几乎都是在宇宙大爆炸后不久产生的。

# 氦

氦元素的原子中有 2 个质子和 2 个中子。虽然氦气的密度和氢气的密度都小于空气的密度，但氦原子的性质却和氢原子完全不同，这是因为它的最外层电子层被电子填满，有 2 个电子。氦元素是元素周期表中第一周期中的第二个元素，也是最后一个元素。

氦（Helium）这个词来源于希腊语的"太阳"。该元素最初于 1868 年在太阳日冕中被探测到，这比它在地球上被发现早了 27 年。

## 在太空和地球上产生

宇宙大爆炸后不久就产生了氦原子，它也是在恒星形成中产生的。地球上存在的铀元素在衰变时会释放出的 α 粒子，α 粒子实际上是氦原子核。由于氦原子核带有正电荷，它们能够捕获自由电子，进而能形成氦原子。每个氦原子都有 2 个质子和 2 个中子。

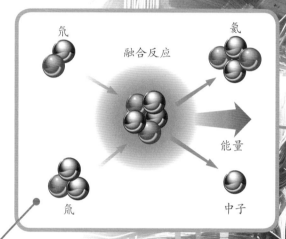

氦原子能通过氘原子（一种氢的核素）和氚原子（另一种氢的核素）的核聚变反应产生。

对于患有特定呼吸道疾病的患者而言，呼吸按一定比例配制的氦气和氧气的混合气体比呼吸纯氧更有助于改善患者的呼吸状况。

## 惰性

氦气是一种化学性质不活泼的气体，因此它在电子设备中充当理想的保护气。由于氦气具有极低的沸点，它可以冷却材料至非常低的温度，因此在制冷行业和航天工业中，氦气是一种重要的冷却剂。此外，氦氖激光器在超市条形码扫描器等应用中也发挥着关键作用。

你知道吗 氦气能将大型强子对撞机（LHC）的磁铁冷却至约−270℃。

欧洲核子研究组织（CERN）的大型强子对撞机（LHC）是一种粒子加速器，科学家们使其中高速粒子相互碰撞，以寻找新的粒子。

强大的电磁铁控制粒子束在环形隧道中按既定路径运动，液氦用于这种电磁铁的冷却。

在超低温下，电磁铁的线圈电阻降低，从而成为更加高效的超导体。

2　He
氦
4.003

原子序数：2
熔点：−272℃（加压）
沸点：−269℃
发现年份：1868 年
族：第 0 族
类别：稀有气体

27

# 锂

　　锂是元素周期表中第二周期的首个元素，同时也是最轻的金属，其金属活泼性很高。锂与水会发生剧烈的化学反应并发出"嘶嘶"的响声；锂一旦暴露在空气中，会迅速与空气中的氧气反应。

　　锂最重要的用途是用于制造可充电电池。锂被广泛用于制造小巧轻便的电池，这些电池不仅能为心脏起搏器提供动力，还是笔记本电脑和电动车等可充电电池的重要组件。将锂添加到铝中可以制造出既坚固又轻巧的铝锂合金，基于这个特性，铝锂合金被广泛应用于自行车、飞机和高速列车的生产制造中。

随着电动车的日益普及，人们对锂的需求预计将大幅增加，这也可能引发因采矿活动带来的环境问题。

为了减少对锂矿的依赖，科学家们正在研究锌电池，并尝试提取蟹壳中的甲壳素来保护锌电池免受腐蚀。

3　Li

**锂**

6.94

原子序数：3
熔点：180℃
沸点：1 340℃
发现年份：1817 年
族：第ⅠA 族
分类：碱金属

 **你知道吗**

氯化锂能从空气中吸收水分，它被用于各类空调系统中。

# 铍

铍是一种银白色、柔软且密度较低的金属。它位于碱土金属元素（第ⅡA族的金属元素）中的首位。第ⅡA族的金属元素之所以被称为碱土金属，是因为它们的氧化物在水中能形成碱性溶液。

## X射线与铍

虽然铍元素稀有、昂贵且有毒，但它具有独特的性质。物质可以在铍制容器内进行X射线透视，因为铍能被X射线穿透而不影响透视效果。铍与铜、镍等金属制成的合金不仅导电性更好，而且具有良好的弹性——适用于制造弹簧和无火花工具。

詹姆斯·韦伯太空望远镜的主镜就是用金属铍制成的，表面涂有一层极薄的反射金膜。

铍之所以被应用于太空设备中，是因为它轻便、坚硬、刚性强，并且在极度寒冷的太空中不会收缩或变形。

铍与铝、硅、氧形成的化合物中，有一种铍铝硅酸盐（或称为铍晶）是无色的宝石，添加少量的铬可以使铍晶变为珍贵的绿色宝石——祖母绿。

4    Be

## 铍

9.012

原子序数：4
熔点：1 287℃
沸点：2 970℃
发现年份：1798 年
族：第ⅡA族
分类：碱土金属

# 硼

硼是元素周期表中的第一个类金属元素，单质硼的外观通常是一种棕色的非晶态粉末，或坚硬的黑色的结晶形态。

硼对植物的生长发育至关重要。在 20 世纪 30 年代，希腊和西班牙的古橄榄林的橄榄产量低，这可能是缺硼导致的。

## 硼酸盐

硼通常以硼酸和硼酸盐的形式存在，常见的硼酸盐有硼砂、硼酸钙等。硼砂的用途广泛，它与硼酸和硼酸氧化物一起，被广泛应用于制作眼药水、防腐剂、洗衣粉和瓷砖釉料等。此外，硼砂还被用作漂白剂，并曾作为食品防腐剂。西藏的班戈措是世界上最早发现和利用硼砂的产地，如今土耳其、美国是世界上硼矿的主要生产国。

硼酸氧化物用于制造耐热的硼硅酸盐玻璃（派热克斯玻璃），这种玻璃常用于制造烘焙盘和绝缘材料。

世界上最大的硼砂矿位于美国莫哈维沙漠，由美国力拓集团运营。一个名为博伦的城镇就是围绕这个矿区建立起来的。

## 出乎意料的发现

氮化硼与碳相似，有多种同素异形体。其中一种形态几乎和金刚石一样坚硬，用于制造研磨剂；另一种则像石墨一样质软，常用于制造化妆品。1942 年前，人们认为硼氢化物是不可能存在的，直到科学家布朗合成并发现了它。自此以后，有机硼类化合物被开发并广泛应用于医学领域。

 你知道吗

土壤中的硼元素主要以硼酸的形式存在，并被植物的根系吸收。在有机质含量低的质土壤中，硼元素的缺乏问题显得尤为明显。

硼燃烧时能够产生绿色的火焰，这使得它成为一种比钡更安全的替代品并用于照明弹的制造。同时，硼也是烟花制造中的重要的元素。

缺乏硼，植物的细胞壁无法正常发育，这会对植物的生长产生严重不良的影响。

橄榄在施用含硼化合物的肥料——八硼酸钠四水合物后，其生长状况得到了显著改善。

微量的硼有助于维持人体骨骼的健康。事实上，我们通过摄入的水果和蔬菜，每天大约可以获取2毫克的硼。

5　　　B
硼
10.81

原子序数：5
熔点：2 077℃
沸点：3 870℃
发现年份：1808 年
族：第ⅢA 族
分类：准金属

# 碳

碳原子之间可以通过牢固的共价键相结合，形成有机物的基本骨架。仅由碳、氢两种元素组成的有机化合物叫碳氢化合物，又叫烃。化石燃料是一种烃或烃的衍生物的混合物，是生产石油化学产品（如塑料）的重要原料。

植物通过光合作用捕获二氧化碳（$CO_2$），并利用它来合成葡萄糖，这是它们生存和生长的基础。而动物则通过摄取植物，使得碳得以在食物链中传递。

## 生命的基础

我们的身体主要由碳元素构成的有机分子组成。其中，碳、氢、氧、氮等元素为有机分子的基础，同时也能结合其他元素（如硫）形成生物体的各种分子。例如，葡萄糖（$C_6H_{12}O_6$）是一种单糖，植物和动物都依赖糖代谢（生化反应，包括糖的分解代谢和合成代谢），以维持基本的生长和发育。

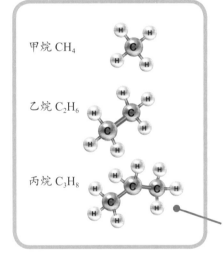

甲烷 $CH_4$

乙烷 $C_2H_6$

丙烷 $C_3H_8$

将直链烷烃按碳原子的个数从小到大排序，从甲烷开始，每个分子都比前一个多一个碳原子和两个氢原子，从而能形成极长的链状结构。

## 不同的形式

碳的同素异形体表现出不同的性质，既有坚硬的金刚石，也有质软的石墨（铅笔中的"铅"）。在工业上，碳纤维被用于制造坚硬而轻便的物体，而活性炭因其大的比表面积则用于过滤和净化。

纳米技术专家正致力于开发新型分子材料，如导电的纳米管仅有一个原子厚度，这些新型材料在电子设备中有着广泛的应用前景。

石墨烯——仅由一层碳原子构成的薄片，其独特的六角形结构赋予了它许多优异的特性。

你知道吗

肌联蛋白是人体内已知的最大的蛋白质，在肌肉收缩和骨骼运动中发挥重要作用。一个肌联蛋白分子中的氨基酸的个数达 3 万多个，因此，一个肌联蛋白分子中，包含的碳原子的数量也是非常巨大的。

碳，常让人联想到"温室气体之王"——二氧化碳（$CO_2$）。

温室气体能够吸收红外线辐射，这种辐射对维持地球温度有着重要作用。然而，过多的二氧化碳（$CO_2$）打破了地球上的辐射平衡，从而导致气候变化。

碳具有极高的熔点和沸点，在标准大气压力下，碳不存在液态，当碳被加热至其沸点时，它会直接升华成气体。

由于现代化工业社会过多燃烧煤、石油和天然气，从而导致地球大气中的二氧化碳浓度从 150 年前的 280 mg/L 显著上升至 2024 年的 425 mg/L。

动植物在呼吸过程中都会释放二氧化碳。同时，碳元素也会通过动物的废物排放、动植物的衰败和死亡而重新回归环境中。

6　　　　C

**碳**

12.01

原子序数：6
熔点：3 550℃
沸点：4 827℃（升华）
发现年份：史前
族：第ⅣA 族
分类：非金属

# 氮

地球大气中氮气占比高达 78%，它对动植物以及化学工业都至关重要。然而，氮气不易被利用，因为氮气非常稳定，其原子间形成的强键很难被破坏。

## 氮的固定

在自然条件下，固氮细菌能够将一些豆科植物根部的氮气转化成植物可吸收的含氮化合物。而在工业上，则通过哈柏法实现氮的固定，固定后的氮被广泛用于制造肥料、硝酸、染料、炸药等。由于氮气具有极高的稳定性，因此，它可以为电子、化学研究以及食品保鲜提供一个稳定的环境。液氮因其低温特性，常被用作制冷剂。

厨师们巧妙利用液氮的超低温性，为派对食品创造独特的烟雾效果，或者用于生产冰激凌等食品。

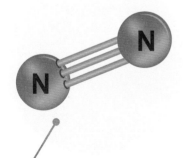

氮分子是一个双原子分子，包含两个相同的氮原子，它们之间通过极强的三键紧密结合。

| 7 | N |
|---|---|
| 氮 | |
| 14.01 | |

原子序数：7
熔点：−210℃
沸点：−196℃
发现年份：1772 年
族：第 VA 族
分类：非金属

你知道吗

一个成年人一年的尿液中，氮的含量高达 4 千克，磷的含量约为 0.4 千克——这些化学元素足够供应小麦生长并制成一个小面包。这体现了氮元素在生物体内的循环过程。

大气中氧气的含量约为 21%，同时氧也是地壳中含量非常丰富的元素之一，占地壳含量的 46%，仅次于氢和氦。在地壳中，氧通常以二氧化硅的形式存在。

## 好氧生物

大多数生物都是好氧生物，它们需要氧气来维持生命。我们的呼吸也需要氧气。在自然界中，氧气通过氧循环不断地被循环利用。而在工业中，氧气被用于焊接、废物处理以及化学品和塑料的生产。由于氧气具有高度的化学反应性，它容易与其他元素结合形成化合物（氧化物）。

绿色植物和藻类通过光合作用驱动氧循环。它们利用光能、二氧化碳和水来制造有机物，并在此过程中产生副产物氧气。

血液将氧气从肺部输送到身体的各个部位，供细胞呼吸。在这个过程中，葡萄糖和氧气被转化为二氧化碳、水以及为细胞提供能量的物质。

蓝细菌，一种可以在淡水和海洋中生活的微生物。在大约 30 亿年前，蓝细菌出现并开始进行光合作用，这大大提高了大气中的氧气浓度，为动植物的进化提供了必要的条件。

| 8 | O |
|---|---|
| **氧** | |
| 16.00 | |

原子序数：8
熔点：−218℃
沸点：−183℃
发现年份：1774 年
族：第ⅥA 族
分类：非金属

# 氟

氟是第ⅦA族的第一个元素，氟元素组成的气体单质（$F_2$）是一种极其危险的高化学反应性的淡黄绿色气体。由于氟的原子半径极小且仅需1个电子就可以达到8电子稳定结构，因此氟的得电子能力极强。在元素周期表中，氟的化学反应性可能仅次于铯，是第二高的。

## 最活泼的非金属

在非金属元素中，氟无疑是化学性质最活泼的，氟的化合物被称为氟化物。氟是人体、动物健康所必需的一种微量元素。氟在焊接、玻璃磨砂和塑料制造等多个领域中都有广泛的应用。

与氟相关的氟化物对于保持牙齿和骨骼健康至关重要。因此，它常被添加到牙膏中，有时也被添加到饮用水中，以预防蛀牙。

| 9 | F |
|---|---|
| **氟** | |
| 19.00 | |

原子序数：9
熔点：−220℃
沸点：−188℃
发现年份：1886 年
族：第ⅦA 族
分类：卤素

氟元素可以在萤石和冰晶石中找到。图片中的是一种蓝绿色的萤石。

 你知道吗　氟还被用于制造不粘锅、水管胶带和防水服装等。

# 氖

氖作为元素周期表中第二周期的最后一个元素，其最外层电子数为 8 个，达到稳定的状态。与活泼的"邻居"氟的化学性质截然不同，氖很难与其他元素形成化合物。与 0 族的其他稀有气体一样，氖呈现出惰性。

纯氖气通电发出的红光极为强烈，因此常被用作信号灯，以穿透雾气。当氖气与其他气体混合时，还能产生不同的颜色。

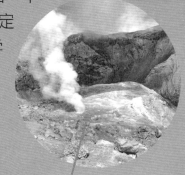

我们可以在火山气体中找到氖的踪迹。

## 惰性而强烈

氖是一种质量较轻、无色无味的气体。它在恒星中通过氦和氧的核聚变形成，是宇宙中第五丰富的元素。由于氖的化学性质不活泼（具有惰性），因此氖气被认为是无毒且安全的气体，并被广泛应用于广告灯箱、电子设备、潜水装备、激光器和制冷设备中。

氖灯由内含低压气体的玻璃管制成。当电流激发气体时，它们会发出明亮的光。

10　Ne

## 氖

20.18

原子序数：10
熔点：−249℃
沸点：−246℃
发现年份：1898 年
族：第 0 族
分类：稀有气体

# 钠

元素周期表中的第三周期的第一个元素是钠，它的核外有三个电子层，最外层有一个电子。与所有碱金属元素（第ⅠA族）一样，钠具有极高的化学反应性。在空气中，这种柔软的银白色金属会迅速失去光泽，并且会与水发生剧烈反应。

## 我们饮食中的盐

钠元素对生物体维持生命至关重要。人体每天需要补充大约2克的钠，以补给因出汗而流失的盐（氯化钠）。钠离子（$Na^+$）在传递神经信号和调节体内水平衡方面发挥着关键作用。人体钠的主要来源是食盐，但如果摄入过多，可能会导致血压升高。

蝴蝶被泥中的盐和其他矿物质吸引，这被称为泥潭戏水。

**碳酸氢钠（小苏打）**
在烤箱的高温下，碳酸氢钠会分解并产生二氧化碳，这使得松饼等烘焙食品松软、酥脆。

| 11 | Na |
| --- | --- |

**钠**
22.99

原子序数：11
熔点：98℃
沸点：883℃
发现年份：1807年
族：第ⅠA族
分类：碱金属

**你知道吗**　人脑包含约850亿个神经细胞，这些细胞通过钠－钾泵来传递信息。

# 镁

镁是碱土金属元素，是我们日常生活中应用最广泛的轻金属之一。由于锂和钠的化学性质过于活泼，而铍则具有毒性，因此我们在制造手机等轻质产品时更倾向于选择金属镁。

## 对生命的重要性

镁是生命体生存不可或缺的元素——它对生物体内的细胞正常运作至关重要，它参与植物的光合作用，同时也是生物体内多种酶的活化剂。此外，镁还被用于制造动物饲料和肥料。一些药品中含有镁，用于治疗消化不良或便秘。

镁在燃烧时会发出明亮的白光，这一特性使其广泛应用于照明弹、烟花等的制造以及化学课的教学和演示中。

全球每年生产的镁达到850 000吨，主要提取自海洋。

植物体利用镁原子来捕获光能——一个叶绿素分子中包含137个原子，其中就有1个镁原子。

| 12 | Mg |
| --- | --- |
| **镁** | |
| 24.30 | |

原子序数：12
熔点：650℃
沸点：1 095℃
发现年份：1755 年
族：第ⅡA 族
分类：碱土金属

39

# 铝

铝是一种银白色的金属，广泛存在于与硅和氧结合的数百种矿物中。铝具有质轻、柔软和可塑性强等特点，同时还具备出色的耐腐蚀性。你或许在家中就能找到铝的身影，比如厨房的铝箔或窗框。

一个铝制的反射盘能将太阳的能量精准地聚焦在位于抛物面太阳能炉焦点的烹饪锅上。

## 反射和重复利用

铝的一个重要用途是作为涂层材料。一层薄薄的铝涂层能有效反射光和热，因此被广泛应用于望远镜镜面、装饰品和玩具的表面处理。铝合金因其坚固、质轻和可塑性强等特点，成为制造飞机和其他车辆的理想材料。尽管冶炼铝需要消耗大量的能量，但一旦将铝制成产品，铝就可以被反复回收利用，从而有效减少能源消耗。

回收一个饮料罐消耗的能量仅为工业冶炼金属铝消耗的能量的5%。从收集罐子到制成产品，整个过程可能只需短短60天。

| 13 | Al |
|---|---|
| 铝 | |
| 26.98 | |

原子序数：13
熔点：660℃
沸点：2 520℃
发现年份：1825 年
族：第ⅢA 族
分类：后过渡金属

**你知道吗**

一架大型喷气式飞机中大约包含六七十吨的铝，这大约相当于10头大象的质量。

硅是地壳中含量第二丰富的元素，仅次于氧。硅通常和氧形成化合物广泛存在于矿物和岩石中，例如二氧化硅或硅砂（沙子）。

## 电子学的基石

在添加掺杂剂（如砷）之前，硅并不导电。然而，一旦添加掺杂剂，硅就能成为半导体，电子就能在其中流动并被精确控制。因此，硅成了工业制造的电子设备中的核心材料。此外，硅还能与铝和铁形成合金，并且制造硅橡胶——一种由硅和氧组成的橡胶状聚合物，硅橡胶具有广泛的应用价值。

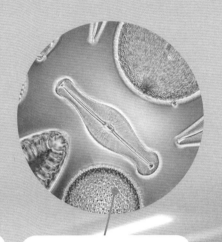

硅晶片是由单晶硅制成的薄片，它具备超高的纯度，从而不会干扰材料中电子的流动。

微小的藻类生物——硅藻，是目前已知唯一一种细胞壁富含硅质的生物。而其他生物的细胞壁的主要成分是结构蛋白和多糖。

硅晶片上的微型芯片正是由添加了掺杂剂的硅制成的，这种掺杂过程将硅转变为半导体。

14　Si

**硅**

28.08

原子序数：14
熔点：1 412℃
沸点：3 266℃
发现年份：1787 年
族：第 IVA 族
分类：准金属

# 磷

磷具有白色、红色和黑色等多种同素异形体。其中，白磷毒性较高，极易在空气中自燃，因此曾被用作化学武器。磷是生命体所需的重要元素。

## 能量供应方面的重要性

磷是腺苷三磷酸（ATP）的组成元素之一，ATP 是一种能源物质，在动植物细胞中负责能量的传递和供应。磷还是肥料的主要成分之一，磷肥用于补充土壤中消耗的磷，这是磷在工业中的最大用途。此外，磷还被广泛应用于动物饲料、钢铁、电子、洗涤剂和化学工业等领域。磷矿石是磷的主要来源，但这种资源可能会逐渐耗尽。

无毒的红磷被广泛用于火柴盒的擦燃板上。

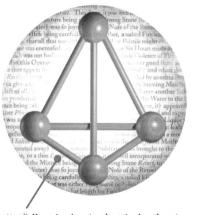

"磷"这个名字源自希腊语，意为"光的使者"。白磷是由 4 个磷原子通过化学键形成一个独特的金字塔形的正四面体结构。

磷是我们骨骼、细胞膜、DNA 分子以及 ATP 的重要组成元素。一个成年人体内大约含有 750 克的磷。

| 15 | | P |
|---|---|---|
| | 磷 | |
| | 30.97 | |

原子序数：15
熔点：44℃
沸点：280℃
发现年份：1669 年
族：第 VA 族
分类：非金属

我们的体内持续不断地进行着 ATP 分子的生成和分解过程。令人惊讶的是，一个成年人每天会消耗并重新生成相当于其体重的 ATP 分子，以维持生命的正常运作。

## 磷的排放与回收

　　人畜的排泄物中含有大量的营养元素，如磷和氮。这些营养元素，如同肥料和洗涤剂中的营养成分一样，一旦进入水体，就有可能造成污染。然而，将人体和动物排放出的营养物质进行回收并再利用，比如用于肥料的制作，将比开采磷矿石更为环保、可持续。

我们主要通过食物摄入磷，金枪鱼、鸡肉和奶酪等食物富含磷元素。人体内过量的磷会通过尿液和粪便排出体外。

自然界中的生物有其独特的生存策略。例如，有一种非洲藤蔓，当土壤中的磷元素的含量不足时，它会进化出特殊的叶子，通过捕捉昆虫以获取所需的磷元素。

# 硫

腐败变质的鸡蛋常会浮在水面上并释放出臭味的气体——主要成分是硫化氢，密度比空气大，易溶于水、乙醇等。

硫广泛应用于橡胶、杀菌剂和火药的生产制造中。此外，硫还能通过一系列的化学反应用于硫酸的生产，硫酸是一种重要的化学物质，尤其在化肥生产中应用广泛。纯硫本身无味，但一些硫的化合物会散发出难闻的气味。

## 生物和酸雨

在生物界中，硫是组成氨基酸、蛋白质和酶的重要元素。而生物体生命活动留下的硫则储存在化石燃料——煤、油和天然气中。燃烧未经净化的化石燃料会释放二氧化硫，进而引发酸雨，对环境造成破坏。同时，硫以及硫化物也是化石燃料经净化后形成的副产品。

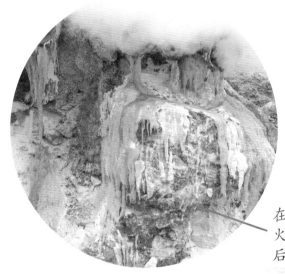

在印度尼西亚的林贾尼火山上，纯液态硫冷却后会形成黄色的晶体。

## 硫的同素异形体

硫晶体有多种同素异形体，当斜方硫（常温状态下存在的硫晶体）被缓慢加热时，它会逐渐熔化成澄亮易流动的液体，一旦冷却，它又会凝固成黄色的单斜硫（针状晶体）。而当单斜硫进一步冷却时，它们会形成独特的菱形硫。如果将硫晶体加热至沸腾并立即进行快速冷却，它则会呈现出一种全新的状态——弹性硫，这是因为在加热的过程中，硫的分子结构会断裂，并在快速冷却的过程中互相纠缠在一起。以上不同形态的硫互为同素异形体。

当单质硫晶体由8个原子组成的环状分子构成时，其结构最稳定，通常呈冠状或环状排列。

**你知道吗**　硫作为防虫熏蒸剂使用的历史相当悠久，其记载甚至可以追溯到公元前9世纪的荷马史诗《奥德赛》中。

一些生活在阴暗洞穴的细菌通过利用硫元素来获取能量，它们会分解岩壁上的矿石并分泌硫酸，形成"鼻涕石"。

汽车轮胎（橡胶）的硫化处理是一个化学反应过程，这个过程使橡胶变得更强劲且富有弹性。在硫化过程中，硫原子成为橡胶分子间交联的桥梁。

硫化处理也可以修复旧的、磨损的轮胎。

橡胶在轮胎生产过程中经过硫化处理，其强度增加了10倍。

16　　S

硫

32.06

原子序数：16
熔点：113℃
沸点：445℃
发现年份：史前
族：第ⅥA族
分类：非金属

# 氯

作为卤族的第二个元素，氯的活性几乎与氟相当。它是一种有毒的、具有窒息性、带有刺激性气味的黄绿色气体，密度比空气的大，因此一旦氯气泄漏，近地面处浓度较高。

## 氯的两面性

氯具有两面性：作为气体，它具有极强的毒性；但氯离子（$Cl^-$）却对生命体至关重要，它参与调节细胞内液离子浓度的平衡。我们通过食用食盐（氯化钠）来摄入氯元素和钠元素。在工业上，氯被广泛应用于制造漂白剂、塑料、药品等数百种产品。氯在麻醉剂和干洗溶剂的生产制造中也有应用，但氯的使用会受到严格的控制。

含氯的化合物还被制成安全的消毒剂，用于饮用水和游泳池中水的消毒。

我们通过日常饮食来获取氯和钠这两种元素，它们主要存在于食盐中。

| 17 | Cl |
|---|---|
| 氯 | |
| 35.45 | |

原子序数：17
熔点：−101℃
沸点：−34℃
发现年份：1774 年
族：第ⅦA 族
分类：卤素

你知道吗　氯被用来制造 PVC 塑料，这种塑料广泛应用于窗框、汽车内饰、水管、电线、医疗用品等产品的制造中。

氩是元素周期表第三周期的最后一种元素。作为 0
族的一员，它与其他稀有气体一样，是一种性质不活
泼、无色无味的气体。在大气中，氩是含量第三大丰富
的气体，约占大气总体积的 1%。

## 保护气

氩在钢铁冶炼、金属切割和焊接过程中充当保护
气。此外，氩还广泛应用于各种类型的灯泡中，用于延
长灯丝的寿命；其中含氩的霓虹灯发出迷人的蓝紫色光
芒。在医疗领域，氩激光常用于诊断眼科疾病、切除病
变组织等。

在焊接过程中，流量
为每分钟 20 升的氩气
可以保护热铝，防止
其在空气中氧化。

氩导热性能很低，
常被用于双层玻
璃之间的间隔层，
用于保温。

往某些汽车轮胎中
充入少量的氩气，
能帮助冷却轮胎，
并有助于减少道路
噪声。

| 18 | Ar |
| --- | --- |
| **氩** | |
| 39.95 | |

原子序数：18
熔点：−189℃
沸点：−186℃
发现年份：1894 年
族：第 0 族
分类：稀有气体

# 钾

钾作为元素周期表中第四周期的元素，原子的最外层拥有 4 个电子层。与第 IA 族的碱金属相似，钾的最外层电子层仅有 1 个电子，因此它的化学性质极为活泼。钾可以浮在水面，在接触水时会发生剧烈反应甚至引发爆炸。它的化学反应性很强，能够烧穿冰层。

我们通过食用肉类、鱼类、坚果、葡萄干、香蕉、孢子甘蓝和巧克力等食物来获取钾元素。

## 命名由来

钾是一种银灰色的金属，柔软得像黏土，它最早是从钾碱（"钾灰"）中分离出来的。钾碱是将草木灰浸泡在水里制成的碱性溶液，用于制造肥皂和染料。1807 年，汉弗里·戴维通过电解钾盐的方法得到了能在水面上燃烧并产生紫色火焰的金属滴。戴维将这种金属命名为"Potassium"，这个词来源于英语中表示"木灰"的单词"potash"，中文译名为"钾"。

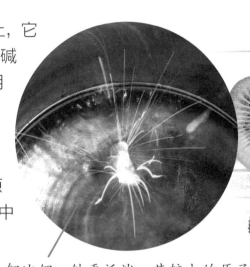

钾比锂、钠更活泼。其较大的原子结构使得其更容易失去外层电子。

神经细胞通过钠-钾泵输送钾和钠离子在细胞膜之间传递信息。

| 19 | K |
| --- | --- |
| 钾 | |
| 39.10 | |

原子序数：19
熔点：64℃
沸点：765℃
发现年份：1807 年
族：第 IA 族
分类：碱金属

 你知道吗

香蕉中含有微量的天然放射性同位素钾-40，一卡车的香蕉中含有的放射性钾-40 的总量足以触发辐射探测器，但由于人体内也含有这种同位素，因此食用香蕉是安全的。

## 火药与肥料

钾是地壳中第七大丰富的元素，其化合物已经被人们熟知和应用了数个世纪。在古代中国，硝石（硝酸钾）被用来制造火药。此外，钾盐还是一种天然的肥料，传统上是从鸟或蝙蝠的粪便中制取的，有时也从人类的粪便中制取。

钾可以从海水和湖水蒸发后留下的矿物沉积物（如钾石）中提取。

钾元素摄入太少会导致肌肉痉挛，但摄入过多则可能引起腹泻。

均衡的饮食应该包含富含钾的食物。钾对于维持生命健康至关重要，它能够帮助调节体液平衡，预防肌肉痉挛，同时确保我们的神经和肌肉系统正常运作。

# 钙

钙是一种柔软的银白色金属，它与空气极易发生反应，并形成一层暗灰色氧化物层。钙是所有生物体所必需的元素，尤其对于动物形成坚硬的骨骼或外壳至关重要。

## 修复与建造

钙是地壳中含量第五的元素，它广泛存在于如石灰石（碳酸钙）和石膏（硫酸钙）这样的岩石沉积物中。数千年来，石灰石一直作为重要的建筑材料被广泛应用，而石膏则常用于墙壁的粉刷或骨骼的修复。

大约3 000年前，人们创作的英国的乌芬顿白马，是历史悠久的白垩岩地画。人们在清除地表土壤后，露出了地表下方的细腻柔软的白垩——一种特殊的石灰石。

石膏模具在骨头愈合时起固定和保护的作用。

## 水垢

地下水是经过地面的土壤和岩石净化过的雨水。石灰岩地区的水会溶解更多的钙离子和镁离子，这样的水称为"硬水"。硬水虽然能补充人体所需的矿物质，但同时也会带来水垢问题：水龙头和淋浴喷头周围会堆积一层碳酸钙。

雨水渗透进岩石并进入洞穴，蒸发后会留下碳酸钙，形成石笋和石钟乳。

白垩是由被称为有孔虫的微小生物的骨骼形成的。这些微小的结构在显微镜下清晰可见。

由碳酸钙构成的海贝壳在海底不断堆积，经过长时间的地质作用，逐渐形成了石灰岩。这些石灰岩随着地壳的运动被抬升到地表。

石灰石和石灰岩的主要成分碳酸钙也被用来制造石灰（氢氧化钙），这种物质在化学工业、水泥制造、水处理和土壤改良等方面都有着广泛的应用。

20　Ca

**钙**

40.08

原子序数：20
熔点：842℃
沸点：1 503℃
发现年份：1808 年
族：第ⅡA 族
分类：碱土金属

**你知道吗**

寄居蟹常常选择生活在海螺废弃的壳中，它们能够通过感知壳中的钙含量来判断这个壳是否适宜居住。

# 钪

钪是一种银白色金属，它作为元素周期表中的第一个过渡金属和第ⅢB族的第一种稀土金属，最初在瑞典被发现，并以斯堪的纳维亚半岛的名字命名。

钪合金因其高强度和轻质特性，被广泛应用于自行车架、运动器材和战斗机的制造中。特别是钪铝合金，其熔点比纯铝高出800℃。

原子序数：21
熔点：1 539℃
沸点：2 831℃
发现年份：1879 年
族：第ⅢB 族
分类：过渡金属

**21 Sc**
**钪**
**44.96**

## 比金更珍贵

钪以钪氧化物的形式存在。尽管钪在地壳中的含量甚微，但它在月球上比地球上更为常见。由于提取和分离钪的难度极大，因此它的价值甚至超过了黄金。

# 钛

钛是地球上第九大丰富的元素。纯钛呈现闪亮的金属光泽，我们日常使用的白色颜料的主要成分是二氧化钛。

通过电流阳极氧化处理，钛可以获得一层坚硬的保护性氧化物层，这为其赋予了装饰性。如图所示的物品就是钛制耳环。

## 高强度金属

钛的名字来源于希腊神话中的泰坦神族，其金属强度和钢一样高，但质量小。钛与铝制成的合金质轻、耐高温，常用于航天器以及运动器材和医疗设备中。

**22 Ti**
**钛**
**47.87**

原子序数：22
熔点：1 666℃
沸点：3 289℃
发现年份：1791 年
族：第ⅣB 族
类别：过渡金属

 **你知道吗** 西班牙的古根海姆博物馆外立面是由 35 000 块钛合金板打造建设成的，该建筑目前已稳定存在超 100 年。

钒是一种银灰色的金属，具有延展性（受力塑形而不破裂的能力），主要用于合金添加剂来增强其他金属的强度。五氧化二钒是硫酸生产的重要催化剂。

## 潜在的糖尿病治疗药物

人体对钒元素的需求是微量的，但它对细胞生长和酶的功能有着重要影响。研究表明，钒可能有助于控制糖尿病患者的血糖水平，有作为糖尿病治疗药物的潜力。

钒能形成美丽的晶体，但其化合物可能有毒。它以北欧美丽女神凡娜迪丝的名字命名。

海鞘是一种海洋生物，它们体内能储存钒。它们血液中钒的浓度能达到海水的1000万倍以上。

高浓度的钒可能让海鞘尝起来口味不佳，从而让它们免受捕食者的侵扰。

| 23 | V |
|---|---|
| **钒** | |
| 50.94 | |

原子序数：23
熔点：1917℃
沸点：3420℃
发现年份：1830年
族：第ⅤB族
类别：过渡金属

# 铬

铬是一种银蓝色的坚硬金属，具有极高的熔点。它在工业中被广泛应用，包括铬镀层、硬化钢、不锈钢以及其他合金的制造。

## 多彩的化合物

铬与其他过渡金属相似，能形成具有不同价态的离子。它可以失去 2 个电子形成 $Cr^{2+}$，或者失去 3 个电子形成 $Cr^{3+}$。这些氧化态赋予了铬的化合物不同的颜色。铬（Chromium）这个名字来源于希腊语"chroma"，意为"颜色"。

某些校车通常会被涂成鲜亮的铬黄色，最初铬黄色的油漆中含有铬酸铅，铅和铬都是有毒的。现在已经被更安全的颜料所替代。

从摩托车到浴室配件，铬电镀都能为这些物品提供如镜面般闪亮的涂层。

| 24 | Cr |
| --- | --- |
| 铬 | |
| 52.00 | |

原子序数：24
熔点：1 857℃
沸点：2 672℃
发现年份：1798 年
族：第ⅥB 族
类别：过渡金属

锰是一种坚硬且易碎的银白色金属，它与镁元素（元素周期表中的第 12 号元素）的名称都来源于希腊的马格尼西亚地区，那里是它们首次被发现的地方。

## 锰钢合金

在钢合金中添加 1% 的锰，其坚固程度会超过纯钢。而添加 13% 的锰，则可制成超级锰钢，这种合金被广泛用于制成铁路轨道、保险箱以及监狱的栏杆。不仅如此，饮料罐之所以不会腐蚀，也是因为铝合金中添加了锰。此外，锰还是制造锂电池的重要材料。

没有锰，我们就无法生存。锰是植物酶的重要组成部分，这种酶在光合作用中会将水分解成氧气。

锰是生命所必需的元素之一。我们可以从坚果、米糠和全谷物中获取锰元素，它对保持骨骼强健和维持新陈代谢至关重要。

| | |
|---|---|
| 25　　Mn | 原子序数：25 |
| 锰 | 熔点：1 246℃ |
| 54.94 | 沸点：2 062℃ |
| | 发现年份：1774 年 |
| | 族：第 ⅦB 族 |
| | 类别：过渡金属 |

在土壤锰含量较低的地区，农民会利用肥料和食品补充剂来喂养牲畜，以确保它们的健康。

**你知道吗**　在深海海床上，人们发现了锰结核，锰结核围绕着鲨鱼牙齿生长，其形成和生长过程与珍珠围绕沙粒生长相似。

# 铁

铁对动植物的生长和工业生产至关重要。自史前时代以来，人们就开始利用铁并将其加工成各种产品。铁占人类所精炼或提纯的金属总量的90%。

铁矿石、焦炭（碳）和石灰石（碳酸钙）一同被送入高炉中进行加热，然后将熔化的铁倒出。这个过程称为冶炼。

## 钢铁

大部分精炼铁被用来钢的生产——铁与碳的合金。由于钢比铁更为坚固，因此它被广泛应用于生产现代社会中各种物品。从自行车链条到大型桥梁，都能见到钢的身影。据统计，2023年世界粗钢产量高达1.888亿吨，且每年还能回收约30%的钢铁，实现了资源的循环利用。

铁和钢的一个缺点是它们容易与氧气发生反应，生成红色、片状的氧化铁，即我们熟悉的锈。这种锈会削弱金属的强度。

## 铁的磁性

铁具有磁性，这意味着它会被磁铁吸引，并且也可以用来制造磁铁。在室温下，除了铁，只有钴和镍这两种元素具有磁性。钢同样含有铁，因此也具有磁性。从磁性冰箱贴到计算机内部的精密部件，人们利用磁铁的磁性来完成许多工作。

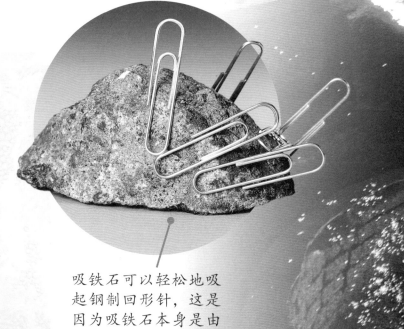

吸铁石可以轻松地吸起钢制回形针，这是因为吸铁石本身是由具有磁性的磁铁矿制成的。

**你知道吗**

埃菲尔铁塔的结构使用了7 300吨的熟铁，在炎热的天气里，它能"长高"15厘米！

向合金中添加铬，可以制造出不锈钢，这种合金不易生锈，使厨房平底锅保持光亮，使工具保持锋利。

大约公元前 1500 年，铁的冶炼开启了铁器时代。通过添加碳来制造钢的技术革新推动了 18 世纪的工业革命。

从高炉生产出生铁，然后被加工成钢。

26    Fe

**铁**

55.84

原子序数：26
熔点：1 538℃
沸点：2 863℃
发现年份：大约公元前 3500 年
族：第Ⅷ族
类别：过渡金属

# 钴

钴是一种坚硬的、具有磁性的银白色金属，通常与其他过渡金属一起存在于矿石中。钴及其化合物广泛应用于各个领域，早在数千年前，人们就开始利用钴化合物鲜亮的蓝色来为玻璃和陶瓷增添色彩。

## 高温合金和磁铁

钴的熔点非常高，它可以和其他金属一起制成高温合金。高温合金通常具有优异的高温强度，也称超合金，因其耐高温的性能广泛应用于发动机中。钴还可以制成磁铁，如铝镍钴磁铁，这种磁铁在高温下仍能保持磁性。

这座戴着钴蓝色玻璃帽子的雕像，是为埃及国王图坦卡蒙的墓葬特别建造的，他逝世于公元前 1323 年。

氯化钴本身呈蓝色，遇水后会变成粉红色，这一特性使其被用于检测水的存在或湿度指示器。

| | |
|---|---|
| 27 | Co |
| **钴** | |
| 58.93 | |

原子序数：27
熔点：1 495℃
沸点：2 927℃
发现年份：1735 年
族：第Ⅷ族
分类：过渡金属

**你知道吗**　你可以利用氯化钴溶液写一封"密信"，当纸干了后，几乎看不出纸上的痕迹。而当纸被加热后，书写在信中的内容就会显现出来。

镍是一种坚韧且耐高温的银白色金属，与钴相似，镍也能与其他金属形成超合金。

## 热强化处理

镍被大量用来制造不锈钢，镍铝合金比不锈钢强度高出六倍。随着电动汽车的普及，锂电池对于镍的需求也日益增长。

地球内核的温度高达5 500℃。据推测，地球内核中铁的含量占比高达85%，而镍的含量则约占10%。

镍超合金广泛用于各种耐热物品的制造加工中，如烤面包机、飞机引擎等。

超高强度的镍铝合金在加热时变得更坚固。

| 28 | Ni |
|---|---|
| **镍** | |
| 58.69 | |

原子序数：28
熔点：1 455℃
沸点：2 913℃
发现年份：1751 年
族：第Ⅷ族
分类：过渡金属

镍

# 铜

铜是一种质地柔软的红色金属,它既可以以矿石的形式存在,也可以以纯金属即铜块的形式存在。金属铜的利用的历史悠久,早在古代人们就开始使用,考古学家甚至发现了距今1万年前的铜制珠子。罗马人在塞浦路斯开采铜矿,并以该岛的名字为这种金属命名。

## 适合用于电线布线

铜具有良好的延展性,通常可以被拉成细丝,且铜的导电性、导热性能良好,因此广泛应用于电器设备中。据不完全统计,在发达国家,每人每年平均使用约15千克的铜。全世界使用的铜中约三分之一来自回收的铜。

铜在潮湿的空气中会发生反应,铜的表面会形成一层绿色的化合物——俗称铜绿。这层化合物可以阻止铜金属被进一步腐蚀。佩戴铜首饰有时会使皮肤沾染上绿色!

大约在公元前3500年,人们开始尝试在铜中添加锡,以改善其硬度。这种新的合金就是青铜,它不仅比石头更适合制造工具而且比纯铜更硬。铜锡合金的使用标志着青铜时代的开始。

| 29 | Cu |
|---|---|
| **铜** | |
| 63.55 | |

原子序数:29
熔点:1 085℃
沸点:2 562℃
发现年份:史前
族:第 IB 族
分类:过渡金属

**你知道吗**

铜和锌可以形成黄铜,黄铜也是一种合金,通常可用于制作黄铜乐器和蚀刻版画。

锌是一种蓝银色的金属，其在正式被发现之前已经为人类所知晓。在印度拉贾斯坦邦扎瓦尔发现了一处中世纪遗留下来的冶炼车间的遗迹，该处的废料表明，那里曾经精炼了超过一百万吨的锌。

## 镀锌

镀锌是将金属材料表面镀一层锌以起到防锈等作用。镀锌常见的方法是将金属材料浸入熔融的锌中，或是通过电解的方式让金属材料在锌溶液中镀上锌（电镀）。餐具和首饰常会用镍银——一种由镍和铜电镀锌形成的合金。

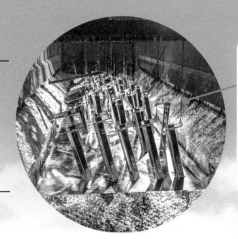

热浸锌是将大型钢结构浸入熔融的锌中，使其表面形成锌保护层。每年，全世界从矿石中提炼出的锌超过1 100万吨。

锌还是一种非常有用的屋顶材料。在19世纪，设计师奥斯曼利用锌对巴黎的屋顶进行了现代化改造。如今，巴黎超过80%的屋顶是由锌板覆盖的。

锌在空气中会逐渐失去光泽，并形成一层氧化层——一种类似铜绿的氧化物。这层氧化层可以保护金属不受腐蚀。

| 30 | Zn |
|---|---|
| **锌** | |
| 65.38 | |

原子序数：30
熔点：420℃
沸点：907℃
发现年份：1746年
族：第ⅡB族
分类：过渡金属

锌

# 镓

德米特里·门捷列夫制作元素周期表时，在铝元素的下方留出了一个位置，用以预测一种称为"类铝"（eka-aluminium）的未知元素。6年后，法国科学家勒科克·德·布瓦博德兰发现了这种金属，并将其命名为"镓"。

## 半导体化合物

镓是一种柔软的银白色金属，在自然界中的含量极少，主要存在于铝土矿中，是冶炼锌和冶炼铝过程中的副产品。砷化镓和氮化镓是半导体材料，常被用于芯片、LED灯、移动电话、压力传感器和蓝光技术中。

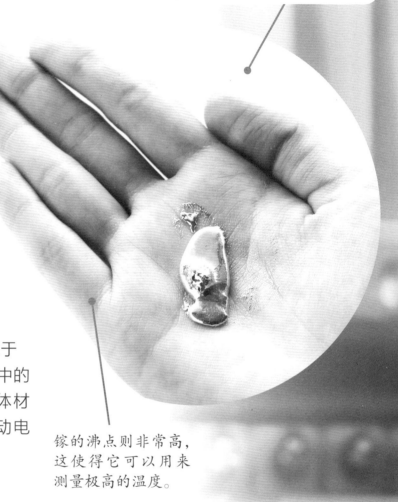

镓的沸点则非常高，这使得它可以用来测量极高的温度。

镓的名称"gallium"来源于拉丁语"gallus"，"gallus"既指公鸡，也指高卢（今法国）的居民。

| | |
|---|---|
| 31 | Ga |
| 镓 | |
| 69.72 | |

原子序数：31
熔点：30℃
沸点：2 403℃
发现年份：1875 年
族：第ⅢA 族
分类：后过渡金属

你知道吗

勒科克·德·布瓦博德兰命名镓时巧妙地利用了双关语，勒科克的名（Lecoq）在法语中意为公鸡或公鸡仔，而对应拉丁语是"Gallus"。

德米特里·门捷列夫在编制元素周期表时，在铝元素旁边预留了另一个位置，用以预测一种被称为"准硅"的未知元素。后来，德国科学家克莱门斯·温克勒发现了一种具有"硅"特性的易碎的银灰色物质，他根据他的国籍德国（Germany）将其命名为"锗"（germanium）。

## 雷达技术的突破

在锌矿石和其他矿物中可以找到微量的锗，这种元素是一种类金属——它外观像金属，有时能导电。在第二次世界大战中，它首次被用于二极管和晶体管的制作。现在，它逐渐被半导体硅所取代。

锗晶体管收音机取代了传统的真空管收音机。

锗的一个重要的用途是用于光导纤维的制造，它是光的良好载体，使光纤电缆的传输效率更高，使光信号在传输过程中不易逃逸。

锗是光的良好载体，因为其有趣的光学特性，被广泛应用。

| 32 | Ge |
|---|---|
| **锗** | |
| 72.63 | |

原子序数：32
熔点：938℃
沸点：2 833℃
发现年份：1886 年
族：第 IVA 族
分类：准金属

# 砷

纯砷有三种同素异形体：黄砷、黑砷和灰砷（类金属，具有金属特性）。砷在加热时不会熔化，而是直接升华成气体。令人意外的是，虾体内含有对人体无害的高浓度的砷化合物。

雌黄是一种硫砷矿物，在古代埃及艺术中常用作颜料，用以绘制装饰画。

## 有毒但有用

几个世纪以来，砷一直被用作杀虫剂和毒药。虽然砷对人体肝脏有害，会导致癌症，但是人们有时也会用它治疗白血病（血癌）。砷同时还是电子学中的一种重要的掺杂剂，有助于提高半导体的导电性。

冰人奥茨是一具石器时代的木乃伊，生前是一位生活在公元前3350年至公元前3105年间的远古人类，科学家们在他的体内发现了砷。砷是铜精炼的副产品，因此科学家们猜测奥茨可能是一名铜匠。

| 33 | As |
|---|---|
| **砷** | |
| 74.92 | |

原子序数：33
熔点：817℃（加压）
沸点：603℃
发现年份：1250 年
族：第 VA 族
分类：准金属

**? 你知道吗**

仅在 1837 年和 1838 年这两年间，英格兰和威尔士就发生了 186 起与砷有关的死亡事件。其中少数是谋杀案，大多数是由于意外摄入或接触砷而导致的死亡。

硒，希腊文的原意为"月亮"。硒是一种光导体，在光照条件下导电能力大大提高。这一特性使得硒在太阳能板和复印机中发挥着至关重要的作用。此外，硒还是一种重要的玻璃添加剂。

## 带有臭味

硒是人体必需的微量元素，摄入过少可能对健康有害，而过量摄入则可能使人的汗水和呼吸带有大蒜臭味。在极高剂量下，硒甚至可能是致命的。硒化合物（硒化氢）是臭鼬分泌的气味中最臭的成分之一，被认为是有史以来最难闻的化学物质之一。

# 硒

植物会对土壤中的硒进行生物积累（吸收、存储和富集），因此在含有适量硒的土壤中生长的作物是很好的食物来源。

太阳能电池板吸收光能，把光能转化成电能。硒是铜铟镓硒（CIGS）太阳能电池板的组成元素之一。

硒能提高由镉碲化物等半导体制成的太阳能板的光电转化效率。

| 34 | Se |
|----|----|

# 硒

78.97

原子序数：34
熔点：220℃
沸点：685℃
发现年份：1817 年
族：第ⅥA 族
分类：非金属

# 溴

溴常温下呈棕红色液体状，有毒且具有刺激性的臭味。其名称来源于拉丁语"bromium"，意为"恶臭"。它是目前已知的仅有的两种在室温和标准大气压下保持液态的元素之一（另一种元素是汞）。溴的挥发性极强，释放出的橙色烟雾对人体有害。

## 难以被替代

溴的应用广泛，常被用于制造杀虫剂、摄影材料、灭火器和含铅燃料等。由于溴对环境有危害，它的许多用途已被禁止。然而，溴在塑料生产和某些药物的制造中仍发挥着不可替代的作用。

某种海螺能释放一种含溴化物的保护性黏液，通过煮沸海螺腺体数天，能制成一种紫色染料。

在公元1世纪的罗马，0.5千克的紫色染料价值相当于其质量3倍的金子，当时只有富人才能穿得起这种昂贵的紫色染料染制成的衣服。如今人们通常使用合成染料来替代这种紫色的染料。

| 35 | Br |
|---|---|
| **溴** | |
| 79.90 | |

原子序数：35
熔点：−7℃
沸点：59℃
发现年份：1826年
族：第ⅦA族
分类：卤素

# 氪

氪是元素周期表中第四周期的最后一个元素，其原子的最外层达到了 8 个电子的稳定结构。氪是一种稀有气体，仅与氟发生反应。威廉·拉姆齐在发现氩气的同时，也发现了氪气。

## 隐藏在光与激光中

氪（krypton）是无色、无味的气体，它的英文名称寓意为"隐藏"。在科幻小说中，超人的故乡"氪星"的名称中出现过"氪"。氪常应用于灯光照明，从手电筒、照相机闪光灯到机场跑道灯等都是利用氪发光。氪氟化物激光器可以产生强烈的紫外线光，甚至可以在墙上烧出一个洞！

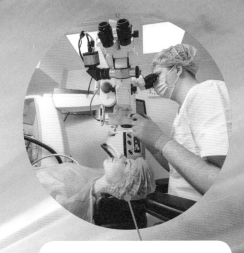

大功率氪氟化物激光器被用于眼科手术，以及电子行业和核聚变能源研究等领域。

| 36 | Kr |
|----|----|
| **氪** | |
| 83.80 | |

原子序数：36
熔点：−157℃
沸点：−152℃
发现年份：1807 年
族：第 0 族
分类：稀有气体

氪还能应用于多彩的灯光秀，通过和其他气体混用可以产生不同的颜色。

**你知道吗**　在 1960 年到 1983 年之间，1 米的国际标准长度是基于氪-86 发出的光波的 1 650 763.73 个波长。

# 铷

在元素周期表中，第五周期从铷开始。这种柔软的银白色金属相较于在它上面的第 IA 族碱金属钾，呈现出更高的活泼性。它在空气中易燃，遇水则会发生爆炸，因此需被妥善储存在油中或惰性气体环境下。

## 物理研究

在接近绝对零度的极低温度下，铷会转变为一种超流体（流动时几乎不产生摩擦），这一特性可能对科学家研究太空环境有帮助。此外，铷的放射性同位素铷-82 被广泛应用于医学领域，用于发现肿瘤和监测心脏。

科学家们已成功制造出由 2 000 个铷原子组成的超流体。在极低温度下，这些原子展现出类似于单一原子的行为。

早期化学家曾对锂辉石矿石在热煤上起泡的现象感到困惑，产生此现象的原因正是矿石中含有高度活泼的铷元素。

| 37 | Rb |
| --- | --- |
| 铷 | |
| 85.47 | |

原子序数：37
熔点：39℃
沸点：688℃
发现年份：1861 年
族：第 IA 族
分类：碱金属

# 锶

锶是一种活泼的、柔软的、银白色的金属，这些性质与第ⅡA族中的其他碱土金属相似。这种金属在地球地壳中的含量相当丰富，并且对某些海洋动物外壳的形成起了关键作用。

## 益处和害处

锶在治疗癌症和骨质疏松症等领域发挥着重要作用，并用于制造最为精确的原子钟。锶的放射性同位素锶-90被应用在核反应堆中，当核反应堆发生泄漏时，锶的放射性同位素可能会像钙一样进入人体骨骼，从而引发癌症，因此对人体有害。

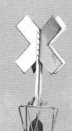

锶的放射性同位素锶-90还能为宇宙飞船、远程天气站和导航浮标提供电力。

铷和锶的盐类还应用烟花的生产和制造中。铷盐的火焰呈紫色，而锶盐的火焰呈深红色。

硝酸锶也被用于制造红色安全信号弹和求救信号弹。

| 38 | Sr |
|---|---|
| **锶** | |
| 87.62 | |

原子序数：38
熔点：777℃
沸点：1 414℃
发现年份：1790年
族：第ⅡA族
分类：碱土金属

**你知道吗**　考古学家通过分析古代人体骨骼中锶的含量，认为罗马角斗士主要摄取的是植物性食物。

# 从钇到铌

钇、锆和铌在化学性质上与它们各自所在族下方的元素非常相似，这使得化学家们难以将钇从镧系元素中分离出来。同样地，锆难以从铪中分离、铌难以从钽中分离。直到1925年，人们才成功制备出纯锆。

钇、锆和铌的合金是超导体——导电时不会损失热量。它们被用来制造 MRI 扫描仪中的磁体。

核反应堆棒周围的管子是用锆制成的，这种材料能让中子通过。另外，锆盐可以作为止汗剂的成分之一。

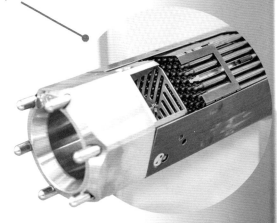

| 39 | Y |
|---|---|
| **钇** | |
| 88.91 | |

原子序数：39
熔点：1 522℃
沸点：3 338℃
发现年份：1794 年
族：第ⅢB 族
分类：过渡金属

| 40 | Zr |
|---|---|
| **锆** | |
| 91.22 | |

原子序数：40
熔点：1 852℃
沸点：4 361℃
发现年份：1789 年
族：第ⅣB 族
分类：过渡金属

| 41 | Nb |
|---|---|
| **铌** | |
| 92.91 | |

原子序数：41
熔点：2 468℃
沸点：4 742℃
发现年份：1801 年
族：第ⅤB 族
分类：过渡金属

## 钼与锝

钼是植物和动物维持生命所必需的元素之一。研究发现，大多数生物都需要含有钼元素的酶，其中一种很重要的酶是固氮酶。固氮酶是一种细菌酶，它能够将氮气转化为氨气，使植物体能直接吸收和利用氮元素。锝是最轻的放射性元素，地球的地壳中几乎不存在锝元素，它是在核电站中人工制造的，是铀裂变的副产品。

超导磁体除了用于 MRI 扫描仪，还用于粒子加速器和研究原子的设备中。

锝是一种常用的医学成像示踪剂。它可以应用于医学领域中疾病的诊断和治疗。

| 42 Mo |
|---|
| **钼** |
| 95.95 |

原子序数：42
熔点：2 623℃
沸点：5 557℃
发现年份：1781 年
族：第ⅥB 族
分类：过渡金属

| 43 Tc |
|---|
| **锝** |
| [97] |

原子序数：43
熔点：2 172℃
沸点：4 877℃
发现年份：1937 年
族：第ⅦB 族
分类：过渡金属

**你知道吗**　锝在核医学诊断中应用很广泛，占全世界医疗用放射性元素的 80%。

# 钌

钌是地球上最稀有的金属之一，是镍精炼的副产品。它的名称来源于拉丁文，意为"俄罗斯"。

钌催化剂主要用于构建烃类化合物，常用于工业过程中，也被用来制造香薰蜡烛。

| 44 | Ru |
|---|---|
| **钌** | |
| 101.1 | |

原子序数：44
熔点：2 333℃
沸点：4 147℃
发现年份：1844 年
族：第Ⅷ族
分类：过渡金属

## 海绵钌

钌材料的多孔结构形如海绵，因此被称为海绵钌。海绵钌在与其他元素形成化合物时具有很高的化学反应性，并被用作生产氨和醋酸的催化剂。大部分钌用于电子行业，它与铂和钯一起制成的合金用于制成连接两个或多个电子元件的电触点；一种红色钌基配合物则用于太阳能电池。

# 铑

铑是一种非常昂贵的金属，但它在化学工业中扮演着重要的催化剂角色。铑主要（约占世界铑产量的 80% 的铑）用于汽车的催化转化器中。

## 稀有

铑是所有非放射性金属中最稀有的，它是铜和镍精炼的副产品——全球每年仅生产 30 余吨铑。除了用作催化剂，铑还用于光纤、电触点和前灯反射器中。

铑催化剂还用于生产薄荷醇，年产量高达数千吨，这是口香糖的主要调味剂。

| 45 | Rh |
|---|---|
| **铑** | |
| 102.9 | |

原子序数：45
熔点：1 963℃
沸点：3 695℃
发现年份：1803 年
族：第Ⅷ族
分类：过渡金属

72　你知道吗

1979 年，保罗·麦卡特尼因其出色的音乐成就被尼斯世界纪录授予一张铑制成的唱片，并被评为有史以来最成功的词曲作者和音乐制作人之一。

钌、铑和钯，以及锇、铱和铂，这些元素都被称为铂族金属（PGM）。这些金属具有类似的化学性质，经常在矿物和河沙中同时出现。它们都是稀有且昂贵的金属，并且都是良好的催化剂。随着绿色能源技术的不断进步，铂族金属在氢燃料电池中的应用将变得愈发重要。

钯、铑和铂被用于催化转换器中，用于去除汽车尾气中的有害物质。

## 有机合成

钯是一种重要的工业催化剂，用于制造烃类和其他有机物。

钯广泛应用于牙科填充物和牙冠中，同时它常用于珠宝制作。

这些贵金属大部分来源于旧汽车尾气催化转化器的回收。

| 46 | Pd |
| --- | --- |
| **钯** | |
| 106.4 | |

原子序数：46
熔点：1 552℃
沸点：2 964℃
发现年份：1803 年
族：第Ⅷ族
分类：过渡金属

# 银

银是八大贵金属之一，与金、铂族金属齐名。贵金属银通常以纯银的形式存在，也存在于矿石中。自公元前 3000 年左右起，人们就开始开采银来制造货币和珠宝。

现代镜子的玻璃片背面有一层薄薄的银镀层，这层镀层也是反射层，能完全反射光线。

## 现代技术

银是一种极好的电导体，因此它被用于生产制成焊料、电触点、电池等。银也用于印刷电路板中，同时也用于触屏手套的指尖材料。此外，银还具有抗菌性，微小的银纳米颗粒可以消灭臭袜子上的细菌。

光致变色镜片之所以能在阳光下变暗，是因为含有光敏性的氯化银。

胶片在暗室中用红光进行冲洗，以防止其他波长的光线过度曝光。

## 摄影胶片

胶片摄影依赖于光敏性卤化银。当相机拍摄照片时，光线照射在摄影胶片的卤化银层上，这会触发一个化学反应——银离子和卤素离子转化为银原子和卤素。在接收更多光线的区域，会产生更多的银原子。当胶片经过冲洗处理后，这些银原子在照片的底片上显现出黑色。

 **你知道吗**

银的化合物可以用于人工降雨。有时，人们会从飞机上投放碘化银，使云层中的水蒸气形成冰晶并降雨。

铜比银的化学性质更活泼，因此把铜块放入硝酸银溶液能置换出其中的银，这个过程中硝酸银溶液会变成蓝色的硝酸铜溶液，并形成银沉淀。

银是良好的光反射体，能反射光，并在玻璃上形成图像。

银与空气中的硫化物接触时，会产生暗色的硫化银，导致银的表面变暗。为了保持银的光泽，我们常常需要擦亮它！

| 47 | Ag |
|---|---|
| **银** | |
| 107.9 | |

原子序数：47
熔点：962℃
沸点：2 161℃
发现年份：史前
族：第ⅠB族
分类：过渡金属

# 镉

镉是一种银白色或带有蓝色光泽的金属，它的性质类似于锌（原子序数为30），并且与锌矿石一起被发现。镉是重金属，会引发癌症、损害骨骼，并会对发育中的胚胎产生危害。

## 谨慎使用

现在，镉的使用已经受到了严格的控制。镉通常被用于电镀飞机零部件，或用作核反应堆棒中的中子吸收剂；镉还被用于可充电的镍镉电池中，尽管这种电池正在被逐步淘汰，但未来在电动汽车领域中仍可能发挥着重要作用。

这些微粒是镉盐的纳米粒子，是电子学中的一类新的半导体。

硫化镉釉料使炊具呈橙色，炊具中的镉牢固地结合在材料中，因此是安全的。

| 48 | Cd |
| --- | --- |
| **镉** | |
| 112.4 | |

原子序数：48
熔点：321℃
沸点：765℃
发现年份：1817 年
族：第ⅡB 族
分类：过渡金属

**？ 你知道吗**　20 世纪，日本富山发生的"痛痛病"，就是由大米和饮用水中镉污染引发的骨科疾病。

铟是一种柔软、有光泽、具有延展性的金属，其熔点较低。和镉一样，铟是锌精炼过程中的副产品，如果不小心误食或吸入，会对人体造成危害。此外，铟相对较为稀有，价格比较昂贵。

## 有用的性质

铟在低温下仍具有良好的可加工性，因此它常被用于极端寒冷环境中工作设备的生产和制造中。添加少量的铟能够增强合金的强度。铟能牢固地黏附在其他金属材料上，因此铟还是一种优质的焊料。此外，铟还能紧密地附着在玻璃上，使高层建筑的窗户具有镜面效果，从而起到反射红外线的作用。

铟具有低摩擦性，已被用作一级方程式赛车中的轴承涂层。

氧化铟锡（ITO）透明且导电，它常被用于电子产品中，比如全息显示屏。

铟允许电流和光线穿过手机或电脑屏幕。

49　　In
**铟**
114.8

原子序数：49
熔点：157℃
沸点：2 072℃
发现年份：1863 年
族：第ⅢA 族
分类：后过渡金属

# 锡

锡是一种柔软、具有可塑性的银白色的金属。它主要分布在中国、泰国和印度尼西亚的"锡带"地区。大约公元前700年开始，中国就开始开采锡。锡的化学符号"Sn"来源于它的拉丁名"stannum"。

## 多种用途

锡盐被用于染料、陶瓷、阻燃剂、玻璃上的导电涂层等。浮法玻璃工艺中也会用到锡——熔融的玻璃漂浮在熔融的锡表面，由此得到的玻璃更平整。锡本身是无毒的，但有机锡（与有机物结合的锡化合物）可能是有毒的。用于船只的涂料中的锡化合物会杀死海洋生物，因此含锡化合物的涂料目前已被禁止使用。

白锡是锡常见的同素异形体，也是人们熟悉的金属形式。在古代欧洲教堂中，许多风琴管是由锡制成的。

## 合金

合金中的锡含量的增加会增大金属的硬度并降低金属熔点。锡与铜的合金（青铜）的使用开启了古代历史中的青铜时代。锡还常常与铅一起使用，形成连接金属的优质焊料。铌锡合金用于超导磁体；锡镴（là）是一种蓝色的合金，通常由锡、铜和锑制成。

钢罐内的锡涂层能够有效延缓食物变质。

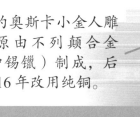

镀金的奥斯卡小金人雕像，原由不列颠合金（一种锡镴）制成，后于2016年改用纯铜。

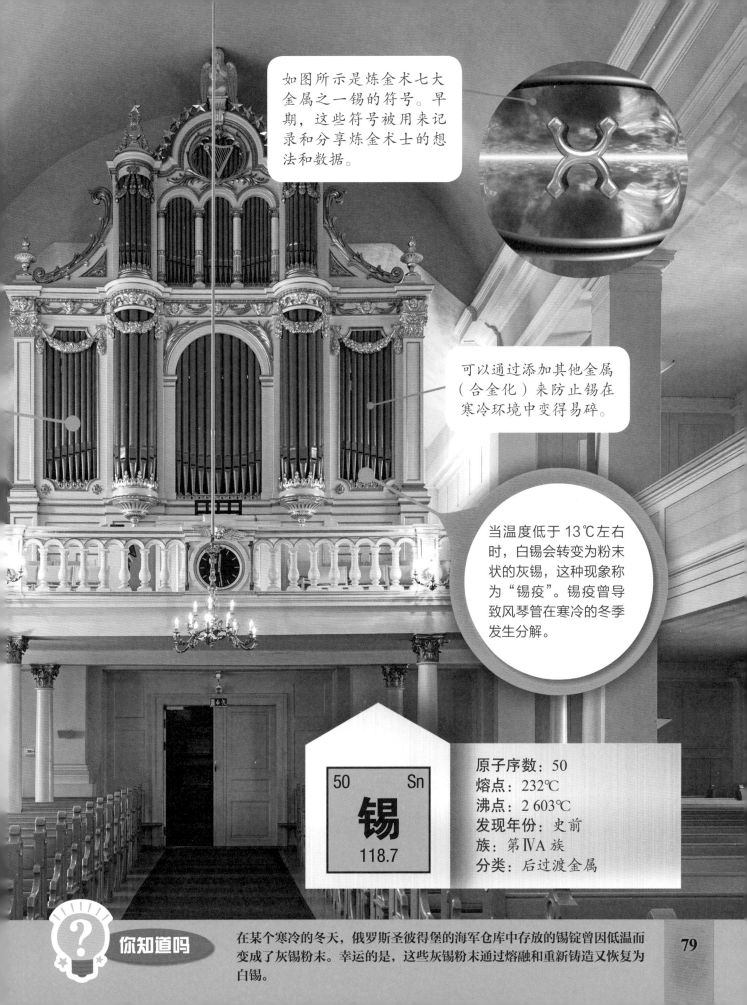

如图所示是炼金术七大金属之一锡的符号。早期，这些符号被用来记录和分享炼金术士的想法和数据。

可以通过添加其他金属（合金化）来防止锡在寒冷环境中变得易碎。

当温度低于 13℃ 左右时，白锡会转变为粉末状的灰锡，这种现象称为"锡疫"。锡疫曾导致风琴管在寒冷的冬季发生分解。

| | |
|---|---|
| 50 | Sn |
| **锡** | |
| 118.7 | |

原子序数：50
熔点：232℃
沸点：2 603℃
发现年份：史前
族： 第ⅣA 族
分类：后过渡金属

你知道吗

在某个寒冷的冬天，俄罗斯圣彼得堡的海军仓库中存放的锡锭曾因低温而变成了灰锡粉末。幸运的是，这些灰锡粉末通过熔融和重新铸造又恢复为白锡。

# 锑

锑是一种半金属，其金属形式的灰锑因导电性能不佳，被广泛应用于电子领域制造半导体器件。锑具有黄锑、黑锑等不同形式的同素异形体。

在 14 世纪 30 年代，约翰·古腾堡发明的印刷机正是由铅、锑、锡合金制成的。

## 医学辩论

和元素周期表中同族的砷一样，锑是有毒的，但人们已经使用了数千年。在 17 世纪，欧洲的医生们就锑的利弊进行了激烈的争论。目前科学家们普遍认为早期人们用锑作为泻药这一方式并不是安全的治疗方法，但目前医学上仍然在使用锑及其化合物治疗利什曼病这种寄生虫病。

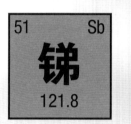

| 51 | Sb |
|---|---|
| **锑** | |
| 121.8 | |

原子序数：51
熔点：631℃
沸点：1 587℃
发现年份：史前
族：第ⅤA 族
分类：类金属

---

# 碲

碲是一种半金属，通常以深灰色粉末的形式存在。它的名字源自拉丁语 "Tellus"，意为地球。

碲化镉太阳能电池利用碲化镉半导体材料将太阳能转化为电能。

## 碲的用途

碲首次在特兰西瓦尼亚被发现，如果不小心食用，便会使人呼出的气体带有令人厌恶的大蒜臭味。工业上可从电解法精炼铜的阳极泥中提取碲。碲也有其优点，比如被用来改善不锈钢和铅合金的性质，用作石油精炼中的催化剂，以及用作激光光学和半导体。

| 52 | Te |
|---|---|
| **碲** | |
| 127.6 | |

原子序数：52
熔点：450℃
沸点：991℃
发现年份：1782 年
族：第ⅥA 族
分类：类金属

**你知道吗**

80

碲是少数几种能与金形成化合物的元素之一，美国科罗拉多州的特勒里德便是以金碲矿物命名的。

# 碘

碘是一种非常重要的非金属元素，和卤素一样，碘原子的最外层有 7 个电子，由于它的最外层容易获得 1 个电子，因此其化学性质极为活泼。

碘元素对生命体至关重要，蝌蚪如果生活在没有碘元素的水中，就永远不会变成青蛙。

## 紫色的元素

碘的名称来源于希腊语中的"紫罗兰"。碘通常是一种紫色或黑色晶体固体，溶解后会形成棕色或紫色的溶液。当碘被加热时，碘固体不会熔化，而是升华——直接变成紫色的碘蒸气。碘被用作消毒剂，如碘伏是一种棕褐色消毒剂，涂抹在皮肤的切口或擦伤处用于预防伤口感染。

如果缺乏碘元素，会影响人体甲状腺的正常功能，导致甲状腺肿大，因此我们日常食用的部分食用盐中添加了碘。

海藻是一种很好的碘的食物来源。许多种类的海藻富含碘元素和其他微量元素。

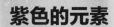

53    I
## 碘
126.9

原子序数：53
熔点：114℃
沸点：184℃
发现年份：1811 年
族：第ⅦA 族
分类：卤素

# 氙

元素周期表中第五周期的最后一种元素氙（Xenon）是由威廉·拉姆齐和莫里斯·特拉弗斯（Morris Travers）于 1898 年发现的，这是他们寻找第 18 族稀有气体长达四年之久的最终成果。氙是在从液态空气中分离出的氪样本中被发现的。

## 稀有

氙是大气中最稀有的气体之一，每年生产的量仅约 60 吨，其中约 15% 用作麻醉剂。氙也被用作汽车前照灯、相机闪光灯和日光浴灯，还被用于食品卫生和医疗成像等领域。

氙和其他稀有气体都是在温度约为-173℃的低温空气分离设备中生产的。

氙离子推进器能使卫星保持在轨道上，该推进器是航天器上使用的第一个非化学推进系统。

## 并非那么"惰性"

第 0 族的元素也被称为"惰性气体"，因为它们几乎不参与化学反应。但在 1962 年，化学家尼尔·巴特利特（Neil Bartlett）合成了一种氙的化合物，证明了在某些情况下这些惰性气体也会参与化学反应。目前，科学家们已经合成出了 100 多种氙的化合物，以及其他惰性气体的化合物。

二氟化氙用于蚀刻硅芯片和制造氟尿嘧啶。氟尿嘧啶是一种癌症治疗药物。

你知道吗   在巨大的压力下，氙会形成一种亮蓝色的固体。

微弱的蓝光映照出从引擎中喷出的离子轨迹。

氙是一种重气体（密度大于空气），充满氦气的气球在空气中会上升，而充满氙气的气球在空气中则会下降。

氙气被电子轰击，产生带正电的氙离子，氙离子以每秒高达 40 千米的速度从引擎中喷出，从而有效地推动卫星在太空中前进。

在 20 世纪 90 年代，美国国家航空航天局（NASA）的喷气推进实验室进行了氙离子推进器的测试。

54　　　　Xe

氙

131.3

原子序数：54
熔点：−112℃
沸点：−108℃
发现年份：1898 年
族：第 0 族
分类：稀有气体

# 铯

铯元素是第六周期中的第一个元素，铯原子的半径比较大，原子核外具有 6 个电子层，且最外层仅有 1 个电子。因为最外层的这个电子非常容易失去，所以铯的化学性质非常活泼。

## 爆炸性与精确性

铯是一种非常危险、极易爆炸的金属，但被广泛应用于原子钟中。铯原子钟的精度可达 $10^{-12}$ 秒，它们在电话网络和卫星中发挥着重要作用，确保全球时间统一。不仅如此，铯元素还被广泛用于玻璃、催化剂、真空管、辐射监测设备、钻探液等产品的生产和制造中。

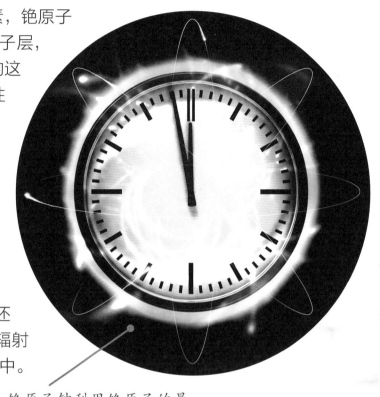

铯原子钟利用铯原子的最外层电子在特定能级间跃迁的频率来测量时间的。

混有微量氧元素的铯会呈现出金色的光泽，而完全纯净的铯不会呈现出金色。

| 55 | Cs |
|---|---|
| **铯** | |
| 132.9 | |

原子序数：55
熔点：28℃
沸点：671℃
发现年份：1860 年
族：第 IA 族
分类：碱金属

**你知道吗**

铯的熔点非常低，所以它在天气变暖时会熔化，而当夜晚气温下降时，又会重新凝固。

钡元素的毒性极强，仅仅 1 克氯化钡就足以致命。其他钡的化合物如碳酸钡，同样具有毒性，曾被用于制造农药。钡单质则是一种化学性质活泼、有银白色光泽的金属。

## 重量级选手

钡及其化合物的密度较大，钡的词源"Barys"在希腊语中意为"重的"。在勘探石油时，重晶石（主要成分是硫酸钡）可以被用作钻井的加重剂，而在医院中，这种高密度材料也可以用于放射摄影中，尤其是胃肠道的 X 射线检查（钡餐）。此外，碳酸钡可用于增加玻璃的光泽，而硝酸钡常用于制造绿色火焰的烟花。

海洋中的一些浮游植物能够储存钡元素。这些浮游植物死亡后会沉入海底，因此通过测量海底淤泥中的重晶石的含量，科学家们就能知道曾有多少生物在这片海域生存了。

钡餐是一种硫酸钡的悬浊液。医生让患者服用这种制剂，然后通过 X 射线成像来诊断消化系统中的疾病。

钡离子是有毒的，但是由于硫酸钡的化学性质稳定，因此这种悬浮液中的硫酸钡，不会被人体吸收，因而不会对人体造成伤害。

| 56 | Ba |
|----|----|
| **钡** | |
| 137.3 | |

原子序数：56
熔点：729℃
沸点：1 898℃
发现年份：1808 年
族：第ⅡA 族
分类：碱土金属

# 镧

镧系元素从镧元素开始，由 15 种性质相近的金属元素组成。为了使元素周期表更加简洁、美观，它们往往被排列在元素周期表的最下方。镧系元素（第 57 号元素至第 71 号元素）、钪元素（21 号元素）以及钇元素（39 号元素）统称为稀土元素。尽管它们并不稀缺，但从矿石中提炼这些元素的金属需要较高的技术成本。稀土元素常被用在高科技电子产业中。

## "隐藏"的元素

1839 年，卡尔·古斯塔夫·莫桑德（Carl Gustav Mosander）在一份铈样本中发现了镧元素，他用希腊语中意为"隐藏"的词语为其命名。镧的合金们在工业中有着广泛的应用，它们不仅被用于制造强度更大的钢材，还可用于制造和储存氢燃料。除此之外，它们在催化剂和电池的生产中也发挥着重要的作用。

放射性同位素镧-138 的半衰期约为 $1 \times 10^{11}$ 亿年，因此科学家们常用它来测算有数十亿年历史的岩石的形成年份。

镧的氧化物能使玻璃更加明亮、有光泽，因此常被用于相机和望远镜的透镜中。

57　La

**镧**

138.9

原子序数：57
熔点：920℃
沸点：3 464℃
发现年份：1839 年
族：第ⅢB 族
分类：稀土、镧系元素

# 铈

铈元素是地壳中含量最多的镧系元素，其含量几乎与锌元素相当。铈（尤其当它是粉末状时）的化学性质非常活跃，而氧化铈则相对稳定。

## "大有作为"的氧化物

铈的氧化物（铈土）具有较高的硬度，非常适用于打磨和抛光镜片。铈土可以用在汽车的催化转换器中，有助于将汽车排放的有害气体转化为无害气体。除此之外，在自洁烤箱中，铈土还能使烤箱内壁的油渍更易清洗。

铈是一种银灰色的金属，它的化合物之一硫化铈是一种红色颜料。

金属铈具有易燃性，当它与坚硬的物体摩擦时会产生火花。

打火机能产生火花，是因为其中有铈镧合金，铈镧合金中铈元素和镧元素的含量约为 50% 和 20%。这种合金还可以用于制造火石棒来点火。

| 58 | | Ce |
|---|---|---|
| | 铈 | |
| | 140.1 | |

原子序数：58
熔点：795℃
沸点：3 443℃
发现年份：1803 年
分类：稀土、镧系元素

**你知道吗**　二氧化铈是一个"规则破坏者"。理论上，在二氧化铈晶体中，每个铈原子应该与两个氧原子配对，但它表面有的地方却缺少氧原子，这使它具有强氧化性。

# 镨

镨和钕的混合物可以用于给玻璃着色，制造出钕镨玻璃，这种玻璃常用于制作焊工护目镜，以过滤玻璃吹制过程中产生的强光。

镧系元素非常复杂，1841 年，卡尔·莫桑德分离出了一种新元素，并将其命名为 "didymium"。然而数十年后，人们发现 "didymium" 其实是由两种不同的元素——镨元素和钕元素组成的。

## 超强合金

镨和镁被用于制造飞机引擎的高强度合金。此外，镨合金也广泛应用于制造永磁体和打火石，镨盐可以赋予玻璃明亮的黄色。

| 59 | Pr |
|---|---|
| **镨** | |
| 140.9 | |

原子序数：59
熔点：931℃
沸点：3 521℃
发现年份：1885 年
分类：稀土、镧系元素

# 钕

钕玻璃多用于激光领域，比如激光笔，以及进行眼科手术和皮肤治疗的激光设备。

钕被广泛用于制造激光切割工具，还可以使玻璃呈紫色。钕玻璃因其允许紫外线通过而阻挡红外线的特性，常被用来制造太阳灯沐浴床。

| 60 | Nd |
|---|---|
| **钕** | |
| 144.2 | |

原子序数：60
熔点：1 024℃
沸点：3 074℃
发现年份：1885 年
分类：稀土、镧系元素

## 超强磁铁

钕还能用来制造超强的永磁体，其吸力约是普通磁铁的 10 倍。由钕、铁和硼三种元素组成的永磁体（"NIB" 磁铁）在电子设备中得到了广泛应用。

钷元素可用于拯救心脏病患者的生命——它用于制造原子能电池，这些电池仅有指甲盖大小，能够为心脏起搏器提供动力。

## 具有放射性

钷元素的所有同位素的半衰期都不超过 18 年，所以长期以来，自然界中的钷元素的含量微乎其微。现代工业用钷都是从核反应堆中制得的，制得的钷被用于科学研究和制造测量物体厚度的仪器。此外，一些发光涂料中也使用了钷元素。

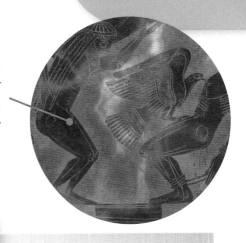

钷元素具有放射性，其名字取自希腊神话中的普罗米修斯（Prometheus），他从神那里盗取火种并带到人间。

| 61 | Pm |
|---|---|
| **钷** | |
| [145] | |

原子序数：61
熔点：1 042℃
沸点：3 000℃
发现年份：1945 年
分类：稀土、镧系元素

钐是一种强效的中子吸收物质，常用于制作核反应堆控制棒，以控制核裂变的链式反应。此外，钐元素还能用于制造耐高温的强力磁铁。

钐钴合金磁铁在电吉他拾音器中发挥着重要作用，它能够捕捉到弦的振动，并将振动产生的信号转化为电信号。

| 62 | Sm |
|---|---|
| **钐** | |
| 150.4 | |

原子序数：62
熔点：1 072℃
沸点：2 173℃
发现年份：1879 年
分类：稀土、镧系元素

**你知道吗** 天文学家们在太阳系之外的行星 MASCARA-4b 的大气层中检测出了钐元素，但目前还无法解释为何这颗行星上有如此丰富的钐元素。

# 铕

一些萤石能发出蓝色的光，是因为它含有铕元素，"fluorescence"（荧光）一词就来源于萤石（fluorite）。

铕元素的名字来源于"Europe"（意为欧洲）一词，它是镧系元素中最活泼的元素，并且具有荧光性，不同价态的铕离子会分别发出红色和蓝色的光。

## 掺杂特性

铕元素作为掺杂剂发挥着举足轻重的作用，向材料中掺入少量的铕就能改变其性质。铕元素能使电视屏幕和节能灯泡更加明亮，铕-钇化合物被用在老式阴极射线管（CRT）电视机屏幕上。

| 63 | Eu |
|---|---|
| **铕** | |
| 152.0 | |

原子序数：63
熔点：822℃
沸点：1 597℃
发现年份：1901 年
分类：稀土、镧系元素

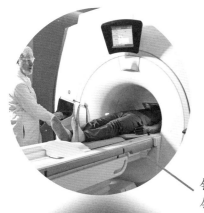

金属钆及其合金可用来制造磁铁、电子元件和数据存储盘，钆有时也用作核反应堆中的中子吸收剂。

# 钆

钆元素用于核磁共振成像（MRI）领域中，能提高图像的清晰度，帮助医生更准确地诊断病情。

## 磁制冷机

将金属钆放入磁场中会产生热量，移去磁场后又会吸收热量，利用这一特点可以制造磁制冷机。

| 64 | Gd |
|---|---|
| **钆** | |
| 157.2 | |

原子序数：64
熔点：1 313℃
沸点：3 273℃
发现年份：1880 年
分类：稀土、镧系元素

**你知道吗**　根据月球岩石样本中铕元素的含量及其氧化程度，科学家们推测形成月球的物质可能与地球大不相同。

铽元素，与钇元素（39 号元素）、铒元素（68 号元素）和镱元素（70 号元素）一样，最初是在瑞典伊特比矿区的矿石中被发现的，且四种元素的名字均来源于伊特比的地名。

## 光与声

铽具有荧光性质，一些含铽元素的物质可以发光，因此被广泛应用于制造荧光材料和光学器件。光学器件中掺杂铽元素，有利于提高光纤通信效率。含铽、铁和镝三种元素的铽合金在磁场的作用下会改变自身的形状，起到增强声音的效果，因此被应用于制造声呐元件等精密仪器部件。

铽元素常被用作半导体的掺杂剂。此外，铽元素也被用作医用 X 射线的荧光粉激活剂，提高图像的清晰度。

铽既能使荧光灯发出黄色光芒，也让电视显示器显示出绿色荧光。

欧元纸币的防伪油墨中含有铽元素、铕元素和铥元素。

**铽**

| 65 | Tb |
|---|---|
| **铽** | |
| 158.9 | |

原子序数：65
熔点：1 356℃
沸点：3 230℃
发现年份：1843 年
分类：稀土、镧系元素

# 镝至镥

与其他镧系元素的性质相似，镝、钬、铒、铥、镱、镥这六种元素都是具有银白色光泽的金属元素，并且拥有相似的用途，其中，镝元素和钬元素在核反应堆中有重要应用，铒元素可被用于制造光纤电缆，铥元素可被用于纸币防伪，而镱元素有望被用来制造比铯原子钟更精准的原子钟。

*戴尔·奇休利（Dale Chihuly）制作的玻璃雕塑之所以呈现出粉色，是因为其中含有铒的化合物。*

| 66 | Dy |
|---|---|
| **镝** | |
| 162.5 | |

原子序数：66
熔点：1 409℃
沸点：2 562℃
发现年份：1886 年
分类：*稀土、镧系元素*

| 67 | Ho |
|---|---|
| **钬** | |
| 164.9 | |

原子序数：67
熔点：1 461℃
沸点：2 600℃
发现年份：1879 年
分类：*稀土、镧系元素*

| 68 | Er |
|---|---|
| **铒** | |
| 167.3 | |

原子序数：68
熔点：1 529℃
沸点：2 868℃
发现年份：1843 年
分类：*稀土、镧系元素*

| 69 | Tm |
|---|---|
| **铥** | |
| 168.9 | |

原子序数：69
熔点：1 545℃
沸点：1 947℃
发现年份：1879 年
分类：*稀土、镧系元素*

## 难以获取

镱元素由保罗－埃米尔·勒科克·德·布瓦博德朗（Paul-Émile Lecoq de Boisbaudran）命名，意为"难以获取"，因为曾经一度从矿石中提取镱非常困难。随着绿色能源技术的发展，现代工业需要大量的镱元素以生产电动汽车和风力涡轮机所需的高温磁铁，这使得镱元素开始出现枯竭的迹象。镥元素同样在能源领域发挥了重要作用，它可以用作炼油厂中的催化剂，将烃类分子裂解成更小的分子。

镧系元素之所以昂贵，是因为它们的分离难度大且工艺复杂，但它们在高科技领域的应用前景十分广阔。

质量较大的镧系元素很容易被磁化，因此它们被广泛用于制造数据存储设备，如光盘等。

2017 年，国际商业机器公司（IBM）宣布成功制造出世界上最小的磁铁——一个钬原子，并实现了在这个钬原子上存储数据。

| 70 | Yb |
| --- | --- |
| **镱** | |
| 173.0 | |

原子序数：70
熔点：824℃
沸点：1 196℃
发现年份：1878 年
分类：稀土、镧系元素

| 71 | Lu |
| --- | --- |
| **镥** | |
| 175.0 | |

原子序数：71
熔点：1 652℃
沸点：3 402℃
发现年份：1907 年
分类：稀土、镧系元素

**你知道吗**

1874 年，由于三年来的研究手稿被意外烧毁，因此罗伯特·本生不得不重新开始分析研究镧系元素。

# 铪至铼

元素周期表中的第 72 号元素至第 76 号元素所形成的单质熔点极高，耐腐蚀性极强，由这些元素组成的化合物及合金在金属加工、采矿、石油以及航天等工业领域发挥了至关重要的作用。

钨是已知的自然界中熔点最高的金属，钨与铼都是制造切削、焊接和钻探工具的极佳材料。

| 72 | Hf |
|---|---|
| **铪** | |
| 178.5 | |

原子序数：72
熔点：2 230℃
沸点：5 197℃
发现年份：1923 年
族：第ⅣB 族
分类：过渡金属

| 73 | Ta |
|---|---|
| **钽** | |
| 180.9 | |

原子序数：73
熔点：2 985℃
沸点：5 510℃
发现年份：1802 年
族：第ⅤA 族
分类：过渡金属

| 74 | W |
|---|---|
| **钨** | |
| 183.8 | |

原子序数：74
熔点：3 407℃
沸点：5 555℃
发现年份：1783 年
族：第ⅥB 族
分类：过渡金属

| 75 | Re |
|---|---|
| **铼** | |
| 186.2 | |

原子序数：75
熔点：3 180℃
沸点：5 627℃
发现年份：1925 年
族：第ⅦB 族
分类：过渡金属

 **你知道吗** 人造材料碳化钽铪合金（$Ta_4HfC_5$）的熔点接近 4 000℃，是目前已知的熔点最高的化合物。

一些航天器的发动机喷嘴是由一种耐高温的超级合金制成的，其中包含铪、铌和钛元素。

### 假肢与钢笔尖

钽金属具有较高的生物相容性，不会引起明显的免疫反应，所以被广泛应用于医学领域，用以替代骨骼、连接神经和支撑肌肉等。铼元素非常稀有，但同时非常珍贵，在航空航天、电子技术领域发挥着重要作用。锇是目前已知的密度最大的金属单质，其合金常被用于制造高品质的钢笔笔尖和仪器的轴承。此外，一些含铼、锇或铪元素的物质在化学工业中常被用作催化剂。

### 其他用途

含有铪、钽和铼等元素的超级合金，可以用于制造航空器和涡轮机叶片。此外，铪棒在控制核反应堆和核潜艇中的核反应速率上也发挥着重要的作用。

| 76 | Os |
|---|---|
| **锇** | |
| 190.2 | |

原子序数：76
熔点：3 045℃
沸点：5 012℃
发现年份：1803 年
族：第Ⅷ族
分类：过渡金属

# 铱

铱元素是一种硬质的银白色金属元素，其密度和熔点都极高。铱的化学性质与金类似，非常稳定，且耐腐蚀性强。铱常用于制造指南针和火花塞电极。

## 陨石中的铱

铱元素在地壳中含量极少，但世界各地都有铱矿床，一些科学家认为这些矿床可能是小行星与地球撞击时带来的。铱元素可应用于太空领域，比如用作远程探测器中钚燃料的容器，或者望远镜镜片的涂层等。金属铱的密度仅次于金属锇。镍精炼过程中的副产品中就有铱，每年大约有若干吨的铱通过这种方式被生产出来。

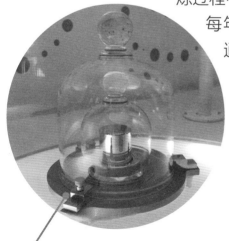

1889 年以来，全世界的千克的质量标准都是由存放在法国金库中的一个铂铱合金圆柱体的质量来定义的。2019 年以后，就开始改用具体的数值来定义千克了。

很多铱盐都有鲜艳的颜色，其名字来源于希腊神话中的彩虹女神伊里斯（Iris）。同样，"Iridescence"（意为彩虹般的光泽）一词也源自伊里斯的名字，这个单词常常被用来形容昆虫翅膀上变幻的色彩。

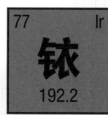

| | |
|---|---|
| 77 | Ir |
| **铱** | |
| 192.2 | |

原子序数：77
熔点：2 443℃
沸点：4 437℃
发现年份：1803 年
族：第Ⅷ族
分类：过渡金属

 **你知道吗**

1804 年，史密森·坦南特（Smithson Tennant）首次分离出了锇和铱这两种元素。他以彩虹女神的名字为铱命名，以希腊语中的"气味"一词为锇命名。

铂

铂元素比银元素更珍贵，它被广泛应用于珠宝首饰、汽车、电子工业、光纤通信以及医药等领域。

## 珍贵的麻烦

在 16 世纪，在墨西哥的某处矿中，人们发现了一种不能熔化的金属，当时人们已用铂和金的合金制造装饰品，人们发现很难从金元素中分离出铂。到了 18 世纪，安托万·拉瓦锡成功通过高温炉熔化将铂提纯出来，并将铂列入所发布的元素周期表中，并得到了普遍的认可。由此人们开始认识到铂这种贵金属的价值。铂的一种化合物顺铂，是一种用于治疗癌症的重要化疗药物；铂作为催化剂在化学制品、塑料工业以及燃料电池中也有广泛的应用。

铂可用于制造催化转化器，催化转化器能加快汽车尾气净化速率。

铂元素常用于镀覆种植牙的种植体，以保护其不受腐蚀。

铂、钯、铑、钌和锇都属于铂族元素。

78　Pt
**铂**
195.1

原子序数：78
熔点：1 769℃
沸点：3 827℃
发现年份：1735 年
族：第Ⅷ族
分类：过渡金属

# 金

金是一种柔软的、具有金黄色泽的金属，化学性质稳定，难以与其他物质发生反应。与同样是第 IB 族的铜和银一样，金在自然界中也以块状的形式存在。铜、银、金三种金属都在很久以前就被人们认识并使用，其中金最为珍贵。

## 金的用途

金具有出色的延展性，很容易加工成各种物品，甚至被拉成细丝。通过电镀技术，可以在金属物体表面镀上一层薄金，这种技术手段被广泛应用于手表齿轮的制造、电器的连接和电路的制作中。尺寸极小的金纳米粒子（1 纳米是 $10^{-9}$ 米）可以被用作生产聚乙烯醇（PVA）胶的催化剂。此外，一种含金元素的化合物还可以用于治疗关节炎。

金还常被用来装饰食品。金的化学性质十分稳定，既不会被人体消化，也不会被人体吸收，因此少量误食金对人体无害。

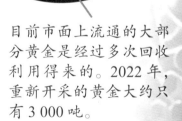

目前市面上流通的大部分黄金是经过多次回收利用得来的。2022 年，重新开采的黄金大约只有 3 000 吨。

## 炼金术的过去与现在

很早以前的一些炼金术士认为金元素是最纯净的元素，曾试图将铅之类的普通金属转化为金。现在我们知道，理论上我们可以通过粒子撞击来改变原子核结构，将其他原子转化为金，但遗憾的是，这样产生的金具有放射性，并且成本过高，无法实际应用。

你知道吗

迄今为止，在澳大利亚发现的最大的天然金块名为"欢迎陌生人"，其长约 60 厘米，重约 70 千克，大约相当于一个成年男性的体重。

早在公元前 2000 年，古埃及人便已开始开采黄金。在乌尔古城（今天的伊拉克地区）发现的古老的墓葬中也出土了大量的黄金制品。

詹姆斯·韦布空间望远镜的反射镜直径达 6.5 米，其中主镜由 18 片镀金的镜面组成，这些镀金镜面能最大程度地反射光线。

数千年来，黄金一直被用于铸造硬币和制作珠宝。

古埃及法老图坦卡蒙（Tutankhamun）共有三具棺材，其中一具由纯金打造，重达 110 千克。

79 Au

金

197.0

原子序数：79
熔点：1 064℃
沸点：2 857℃
发现年份：史前
族：第 IB 族
分类：过渡金属

# 汞

古书记载，早期人们曾用汞、白银、白锡制成的"银膏"用来补牙。汞这种液体金属，曾广泛应用于生活中的方方面面。但随着人们逐渐认识到了汞的毒性和危害，它的使用量已大大减少。

## 汞有剧毒

所有生物体内都含有微量的汞元素，世界卫生组织（WHO）建议人体每周摄入汞的总量不能超过 5 微克（每千克体重）。有一种名为甲基汞的化合物，如果它在食物链中不断富集，那么将会对我们的健康构成巨大威胁。此外，吸入甲基汞也同样危险，它会损害人体的神经和大脑。在 18、19 世纪，不少制帽工人因为长期接触含汞的物质而患上了难以治愈的重病。

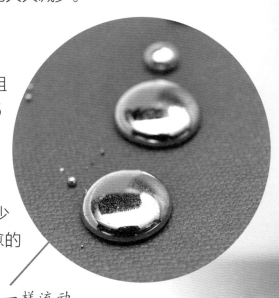

汞可以像液体一样流动，但它的密度很大，甚至铁钉都可以浮在它的表面上。

中国古代的一些器物常常由朱砂（硫化汞）制作的，一些早期用于绘制洞穴壁画的颜料也是由朱砂制成的。

## 汞的应用

汞元素能够与其他金属混合形成汞合金，比如银汞合金。此外，汞能与金形成合金，过去人们常用汞来提取黄金。汞曾被用于生产氯气、制造电池和荧光灯，但这些应用正逐渐被其他物质所替代。如今，汞在化工产业中仍发挥着作用，比如用作催化剂，用于电子设备领域等。

**你知道吗**　中国将于 2026 年禁止生产含汞的体温计和血压计。

汞元素的名字来源于水星（mercury），也被称作"水银"。汞的化学符号 Hg 则来源于希腊语"hydrargyrum"，意为液态银。

汞是一种质量很大的银色液体金属，是唯一在室温下呈液态的金属。

早在 3 000 多年前，人们就开始迷恋汞这种物质，他们甚至希望服下汞后能长生不老。

汞被广泛应用于制造各种科学仪器，比如温度计和气压计。

| 80 | Hg |
|---|---|
| **汞** | |
| 200.6 | |

原子序数：80
熔点：−39℃
沸点：357℃
发现年份：史前
族：第ⅡB 族
分类：过渡金属

# 铊

大多数铊盐极易溶解，它们往往无味但毒性极高。历史上，铊曾被用作杀鼠剂，甚至是谋杀的利器。

## 混杂的特性

铊是一种柔软的、导电的金属，熔点低，类似于铅；铊的一些化合物具有光敏性，类似于银的化合物；铊能够毒害神经系统，类似于汞。在红外线照射下，硫化铊的导电性会发生变化，因而被用于制造光伏电池。此外，铊还可以用来制造电子行业所需的低熔点玻璃。

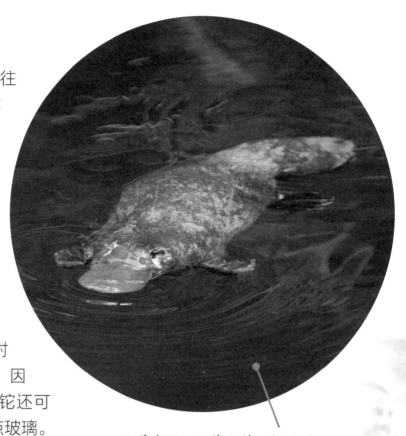

化学家让-巴蒂斯特·杜马（Jean-Baptiste Dumas）将铊元素比作"金属界的鸭嘴兽"，因为铊元素与铅、汞等元素有相似之处，正如鸭嘴兽既像水獭，又像海狸，还像鸭子。

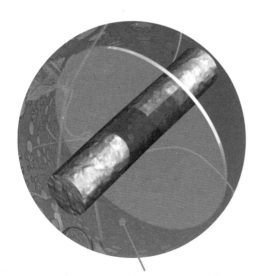

"铊"（Thalium）这个词代表的意义是"绿色的嫩芽"，这张图片展示了这种有毒金属在光学透镜中的应用。

| 81 | Tl |
|---|---|
| **铊** | |
| 204.4 | |

原子序数：81
熔点：304℃
沸点：1 473℃
发现年份：1861 年
族：第ⅢA 族
分类：后过渡金属

# 铅

铅元素是一种柔软、灰色、具有可塑性、化学性质稳定的金属元素，曾被用作建筑材料。铅（plumber）元素的英文名称和化学符号，都源于拉丁语"plumbum"。

## 重量级选手

铅曾被用于制造弯曲的管道和屋顶防水的密封材料。20 世纪后半叶之前，铅曾被广泛用于生产油漆和汽油中，但由于其具有毒性且会在人体内积累，铅的这些用途逐渐被其他无毒性的物质取代。不过，目前铅仍然被用于制作汽车电池、颜料、焊料、水晶玻璃和铅坠等。

彩绘玻璃窗的窗格是用铅条固定的。

除了 X 射线，铅还能阻挡 α 射线、β 射线和 γ 射线。

铅常用作放射性射线的屏蔽材料。医疗工作者可以穿戴由含铅橡胶制成的围裙，来阻隔 X 射线的辐射。

| | |
|---|---|
| 82 | Pb |
| **铅** | |
| 207.2 | |

原子序数：82
熔点：328℃
沸点：1 750℃
发现年份：史前
族：第ⅣA 族
分类：后过渡金属

**你知道吗**

罗马人曾在酿葡萄酒的过程中加入铅，铅与葡萄酒中的某些成分发生反应，生成醋酸铅以增加甜味。然而在酒中加入铅可能并不是一个好主意，因为这会引起铅中毒。

# 铋

原子序数在铋或以上的元素都具有放射性。但是，因为铋元素的半衰期非常长，比宇宙的年龄还要长约十亿倍，所以人们认为它几乎不具有放射性。

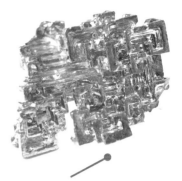

将铋熔化并冷却后，会得到具有彩虹般光泽的、棱角分明的晶体。

## 非常安全

铋是一种质量大、易被切割、呈银白色（或略带粉红色）的金属。它被广泛用于催化剂，可以与锡或镉合成低熔点合金，灭火器、电气保险丝中就有这种低熔点合金。化妆品中添加的氧化铋能改善皮肤状态且通常对人体无害，碳酸铋常被用于制造治疗消化不良的药物中。

| 83 | Bi |
| --- | --- |
| **铋** | |
| 209.0 | |

原子序数：83
熔点：271℃
沸点：1 564℃
发现年份：约 1500 年
族：第 VA 族
分类：后过渡金属

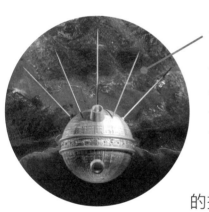

在苏联的"月球"计划中，航天员们利用钋放射时产生的热量发动探测器，并使用这种探测器探索月球表面。

# 钋

门捷列夫曾预测在铋元素之后还存在一种元素。经过漫长的探索，玛丽·居里（Marie Curie）和皮埃尔·居里（Pierre Curie）夫妇终于在铀矿石中发现了这种元素——钋元素。

## 强放射性

由于长期接触放射性元素，玛丽·居里患再生障碍性恶性贫血，于 1956 年不幸离世。另外，钋的用途相对而言比较有限，主要用于制造防静电设备中。

| 84 | Po |
| --- | --- |
| **钋** | |
| [209] | |

原子序数：84
熔点：254℃
沸点：962℃
发现年份：1898 年
族：第 VIA 族
分类：准金属

# 砹

砹元素可能是自然界中最为罕见的元素，由于其衰变速度极快，我们无法完全确定其在自然界中的含量。尽管如此，人们已经成功制造出了微量的砹，未来它有可能在放射性治疗领域发挥重要作用。

钙铀云母的矿物样本中可能含有少量的砹原子。

## 知之甚少

目前用到的砹主要是通过用中子轰击金属铋产生的，但由于它的放射性极强，目前对砹的研究非常有限。但我们已知的是，砹元素的化学性质与碘元素和其他卤族元素相似。

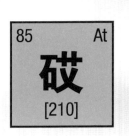

| 85 | At |
|---|---|
| **砹** | |
| [210] | |

原子序数：85
熔点：302℃
沸点：337℃
发现年份：1940 年
族：第ⅦA 族
分类：卤素

1984 年，一位印度核电站工作人员在上班时突然听到辐射警报声大作，警报声是由地下室中的氡气泄漏触发的。

# 氡

元素周期表中第六周期的最后一个元素是氡元素。氡气是目前已知最重的气体，氡气不活泼、无色无味，但放射性极强。氡-222 的半衰期仅有为 3.8 天。

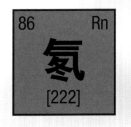

| 86 | Rn |
|---|---|
| **氡** | |
| [222] | |

原子序数：86
熔点：−71℃
沸点：−62℃
发现年份：1900 年
族：第 0 族
分类：稀有气体

## 家庭隐患

氡是镭自然衰变的产物，常见于花岗岩这类火成岩中。在由花岗岩建造的房屋中，或者建在花岗岩质土壤上的建筑物里，氡气可能会在通风不良的地方积聚，从而对人体产生危害。

# 钫

第七周期的元素大多极为稀有且具有放射性，它们通过释放辐射来实现衰变。钫元素是第七周期的第一个元素，属于第ⅠA族。门捷列夫曾预测元素周期表中存在一种性质与铯元素类似的元素，这个预测后来被证实是正确的，70年后，玛格丽特·佩里（Marguerite Perey）在研究锕的放射性衰变的产物过程中发现了钫元素。

## 放射性极强

根据钫元素在元素周期表中的位置，我们不难判断它是一种极其活泼的碱金属元素。在第ⅠA族中，碱金属元素所形成的单质的熔点从上到下逐渐降低。因此，钫如果不是放射性过强、难以稳定存在，那么它在室温下将呈液态！钫-223的半衰期为二十多分钟，在这段时间内，一半的钫会衰变成镭。

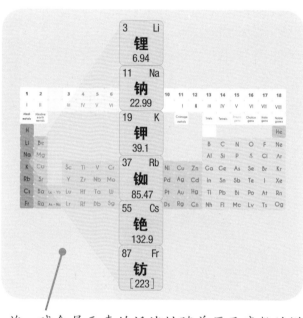

在第ⅠA族，碱金属元素的活泼性随着原子序数的增大而增强，因此，理论上钫元素应该是该族中最活泼的元素。但是由于钫元素的质量较大，性质并不完全符合这个规律，实际上它的化学性质不如铯元素活泼。

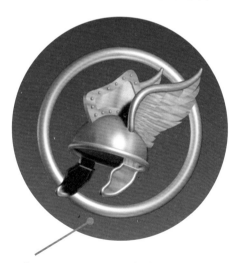

这幅作品是传统上用来象征凯尔特人的图案。钫元素与镓元素一样，都是以"France"（法国）一词命名的，法国是古凯尔特人的发源地之一。

87　　　Fr

钫

[223]

原子序数：87
熔点：27℃
沸点：677℃
发现年份：1939年
族：第ⅠA族
分类：碱金属

你知道吗

玛格丽特·佩里和玛丽·居里都因为从事放射性研究而死于癌症，甚至直到今天，玛丽·居里的笔记本仍然具有放射性。

镭元素是一种放射性很强的元素。金属镭呈银白色，化学性质活泼。与第ⅡA族的其他元素一样，镭元素在空气中也会迅速氧化并失去光泽。

## 迷人的光芒

在玛丽·居里和皮埃尔·居里夫妇首次在铀矿石中发现了镭并将它公之于众后，人们开始被镭那神秘的蓝色光芒深深吸引，甚至把它应用于生活的方方面面，比如制作镭保暖服、镭牙膏、镭生发剂等。现在，人们开始认识到了镭的放射性带来的危险，它的应用已经大大减少，但在治疗骨癌方面，镭仍发挥着重要作用。

镭过去被用于制造成钟表上的夜光漆，许多从事表盘涂漆工作的工人因此不幸辞世。

镭能放射出 α 粒子、β 粒子和 γ 射线。因此，接触镭相关工作的人员必须穿戴含铅的防护服来保护自己。

α 粒子无法穿透皮肤，β 粒子（电子）能被铝阻挡，而 γ 射线能被铅阻挡。

| 88 | Ra |
| --- | --- |

### 镭

[226]

原子序数：88
熔点：700℃
沸点：1 140℃
发现年份：1898 年
族：第ⅡA族
分类：碱土金属

# 锕

和铀、钋和镭一样，锕最初也是从铀矿石中分离出来的。

元素周期表中的第 89 号元素锕到第 103 号元素铹这 15 种元素统称为锕系元素，是以其中的第一个元素——锕元素来命名的。这 15 种元素有很多共性，它们均具有放射性，其单质都是具有银白色光泽的金属。

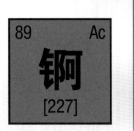

| 89 | Ac |
| --- | --- |
| **锕** | |
| [227] | |

原子序数：89
熔点：1 227℃
沸点：3 200℃
发现年份：1899 年
族：第ⅢB 族
分类：锕系元素

## 同位素

锕元素有多种同位素，目前已发现三十多种。其中，锕-227 的半衰期约为 22 年，它将衰变成钍-227；锕-225 的半衰期约为 10 天，可能会衰变为铋-213。锕-225 常用于治疗癌症。

# 钍

永斯·雅各布·贝采利乌斯（Jöns Jakob Berzelius）在发现了若干种元素之后，又在 1828 年成功提取出了钍元素，并以北欧神话战争之神托尔（Thor）的名字为其命名。钍元素的放射性较弱，其半衰期长达 140 亿年。

钍-232 有潜力成为一种新的能源，而与它同衰变系的铀-233 正是核电站所使用的燃料。

## 含量丰富

钍元素在地球上的含量非常丰富，其在地壳中的含量是铀元素的三倍。钍的氧化物是已知的熔点最高的氧化物，高达 3 300℃，因此它被用于制造高温坩埚。

| 90 | Th |
| --- | --- |
| **钍** | |
| 232.0 | |

原子序数：90
熔点：1 750℃
沸点：4 788℃
发现年份：1828 年
分类：锕系元素

**你知道吗**　锕元素初被发现时它的影响力远低于它的邻居镭，锕元素的放射性极强，它在自然界中十分稀有，即使利用现代技术也很难大量提取，因此其商业价值有限。

# 镤

镤元素具有极强的放射性，它会衰变成锕元素。镤元素的名字来源于希腊语中的"protos"一词，意为"第一"，寓意"镤"是"锕"的起源。

## 单一样本

镤元素是铀衰变的产物。镤元素在铀矿石中的含量微乎其微，目前实验室中使用的镤大多是从 1961 年英国产生的 60 吨放射性废料中提取出来的，仅一百多克。

科学家们通过测量海底沉积物中镤-231 与钍-230 的比例，来研究上一个冰河时代以来的海洋环境信息。

镤元素可以通过释放 α 粒子转变成锕元素。日本语中的"一"（音为 ichi）这个字与镤元素名字中"第一"的含义相呼应。

冰河期往往会持续数千年。在有关全球变暖对冰河期的影响的研究中，镤元素发挥了重要的作用。

| 91 | Pa |
|---|---|
| **镤** | |
| 231.0 | |

原子序数：91
熔点：1 572℃
沸点：4 227℃
发现年份：1913 年
分类：锕系元素

**109**

# 铀

铀能在核电站反应堆核心的燃料棒内发生核裂变。

铀元素是核电站发电的关键元素，它还可以用来生产其他元素的同位素。铀同时也是一种放射性元素，衰变过程中会释放 α 粒子，铀一旦被进入人体，会对健康产生严重威胁。

## 核燃料

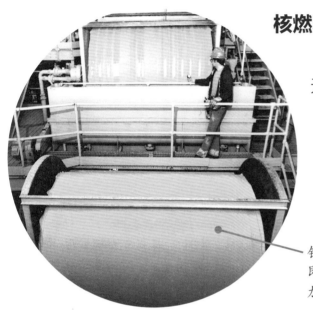

天然铀常存在于沥青铀矿等铀矿石中。天然铀的主要成分是铀-238，其中还有约 1% 的铀-235 和铀-234。通过加工处理，可以提高铀-235 的含量。铀-235 常被用作核电站的燃料，因为它可以通过核裂变反应，释放出大量的能量。当前，铀的年产量约在 5 万吨左右。

铀矿石能被提纯成"黄饼"，即氧化铀，它可以被进一步加工成铀燃料。

## 核裂变

铀-235 有 92 个质子和 143 个中子，因此其质量数为 235。如果一个铀-235 原子核吸收了 1 个中子，它就变成了铀-236。但是由于铀原子核中无法容纳这么多中子，铀-236 的原子核会分裂成两部分，从而产生了质量数更小的元素和自由中子。这些自由中子又会撞击其他铀-235 的原子核，造成一系列的铀核持续裂变，引发链式反应。

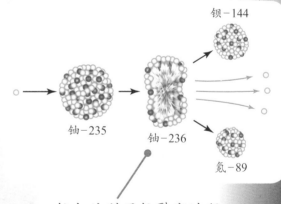

钡-144

铀-235

铀-236

氪-89

核电站利用核裂变过程释放的能量来发电。

你知道吗

从理论上讲，1 千克的铀-235 核裂变所释放的能量相当于几百万千克煤炭产生的能量。

# 镎

铀元素之后的元素，即第93号元素至第118号元素，被称作超铀元素。除了镎元素和镭元素之外，其他超铀元素在自然界中是不存在的，它们是由科学家们通过核反应人工合成的。

1个中子可以分裂成1个质子和1个电子，电子以β射线的形式释放。原子核因此多出了1个质子，这就使得铀会转变成镎。

## 原子弹的研制

1940年，科学家们通过中子轰击铀-238得到了镎元素和钚元素。一个铀-238原子核吸收了1个中子，它就转变成了铀-239。铀-239会很快衰变为镎-239，而镎-239又会进一步衰变为钚-239。在第二次世界大战期间，钚-239是曼哈顿计划中研制原子弹的基础材料。

| 93 | Np |
|---|---|
| **镎** | |
| [237] | |

原子序数：93
熔点：639℃
沸点：3 902℃
发现年份：1940年
分类：锕系元素

2015年，探索冥王星的"新视野号"太空探测器中的放射性同位素热电发生器就是利用钚供能的。

钚元素具有极强的放射性，由于钚曾被用于制造人类最恐怖的核武器之一——钚弹中，它的名声一直很糟糕，但实际上钚也有对人类有益的用途。

# 钚

## 有利用途

钚元素可以与贫化铀（提炼铀-235的副产品）混合，制成混合氧化物核燃料，这有助于减少放射性废物的产生。此外，钚曾被用于心脏起搏器中。有趣的是，钚在不同温度下能够形成多种不同的同素异形体，并且它们具有不同的磁性和氧化态。

| 94 | Pu |
|---|---|
| **钚** | |
| [244] | |

原子序数：94
熔点：640℃
沸点：3 228℃
发现年份：1940年
分类：锕系元素

你知道吗　　　1千克的钚发生爆炸的威力，超过数万吨化学炸药爆炸的威力。

镅的价格十分昂贵，是黄金的 60 倍。它的需求量较小，仅在的特定场合中使用，比如被用在烟雾探测器中，以及作为 α 射线和 γ 射线的发射源被用在医疗和工业领域中。

## 曼哈顿计划的光明面

1944 年，格伦·T. 西博格（Glenn T. Seaborg）及其同事在曼哈顿计划中制造出镅和锔。据说，西博格并没有在科学会议上宣布这一发现，而是在一档儿童广播节目中首次透露了这一消息。在正式确定镅和锔这两个名称之前，由于它们的发现过程充满挑战性和不确定性，科学家们曾戏称这两种新元素为 "delirium"（意为精神错乱）和 "pandemonium"（意为混乱）。

镅释放的 α 粒子能使烟雾探测器中的空气发生电离，产生正、负离子，从而使电流流动。当烟雾进入探测器时，干扰了这些离子移动，而引起电压和电流发生改变，导致警报响起。

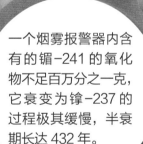

一个烟雾报警器内含有的镅-241 的氧化物不足百万分之一克，它衰变为镎-237 的过程极其缓慢，半衰期长达 432 年。

在元素周期表中，镅元素位于以"欧洲"命名的铕元素的下方，因此其发现者们便以他们所在的大陆——美洲，为这一元素命名。

| 95 | Am |
|---|---|
| **镅** | |
| [243] | |

原子序数：95
熔点：1 176℃
沸点：2 607℃
发现年份：1944 年
分类：锕系元素

# 锔至锿

锔、镄、锡、钔这四种合成元素是以科学家的名字命名的：皮埃尔和玛丽·居里夫妇、阿尔伯特·爱因斯坦、恩利克·费米以及德米特里·门捷列夫。锎、锫这两种元素则是根据它们首次被制造出来的地点命名的，即加利福尼亚州和伯克利。

锔不仅可以用作太空燃料，还可以用作 α 粒子 X 射线光谱仪（APXS）的粒子源，行星探测器常利用这种光谱仪来研究土壤和岩石。

| 96　　　　Cm<br>**锔**<br>[247] | 原子序数：96<br>熔点：1 340℃<br>沸点：3 110℃<br>发现年份：1944 年<br>分类：锕系元素 |
|---|---|
| 97　　　　Bk<br>**锫**<br>[247] | 原子序数：97<br>熔点：1 047℃<br>沸点：未知<br>发现年份：1949 年<br>分类：锕系元素 |
| 98　　　　Cf<br>**锎**<br>[251] | 原子序数：98<br>熔点：900℃<br>沸点：未知<br>发现年份：1950 年<br>分类：锕系元素 |
| 99　　　　Es<br>**锿**<br>[252] | 原子序数：99<br>熔点：860℃<br>沸点：未知<br>发现年份：1952 年<br>分类：锕系元素 |

## 产量极低

锎释放出的中子流可以用来识别矿石、勘探油井以及检测飞机金属疲劳等，锫、锿、镄和钔等元素仅用于科研领域。这些人造元素产量极低，并且它们同位素的衰变速度很快。在锎发现后经过了九年的时间，科学家才合成出肉眼可见量的锎。

粒子加速器的工作原理是让粒子在其中不断旋转加速，然后以极快的速度将粒子轰击到目标原子上，这一过程类似于铅球运动员投掷铅球。

20世纪40至50年代，伯克利的科学家们使用一种被称为回旋加速器的早期粒子加速器轰击原子，以制造新的元素。

现代的回旋加速器常被用于放射治疗，它的工作原理是利用质子束或其他粒子束瞄准并杀死癌细胞。

| 100 | Fm |
|---|---|
| **镄** | |
| [257] | |

原子序数：100
熔点：1 527℃
沸点：未知
发现年份：1952 年
分类：锕系元素

| 101 | Md |
|---|---|
| **钔** | |
| [258] | |

原子序数：101
熔点：827℃
沸点：未知
发现年份：1955 年
分类：锕系元素

你知道吗

1955 年，伯克利的科学家们，通过在回旋加速器中轰击锿元素首次制造出了钔元素，尽管当时仅得到 17 个原子。

# 锘

锘原子很小，难以用肉眼观察到，而它的质量很大，且很快就会衰变。目前科学家们已经制备了十几种锘的同位素，其中锘-261 的"寿命"最长，半衰期仅一百多分钟。

## 争议不断

锘元素的发现曾引发过大量争议。1956 年至 1963 年间，来自苏联、美国以及瑞典诺贝尔物理研究所的研究团队都声称制造出了 102 号元素的同位素。经过多年的热烈争论，国际纯粹与应用化学联合会经评估后，将 102 号元素的发现归功于苏联的研究团队。

锘元素的命名是为了致敬阿尔弗雷德·诺贝尔（Alfred Nobel）设立的诺贝尔奖，该奖项旨在表彰杰出的工作和开创性的发现。

苏联的研究团队最初希望将这个元素命名为"joliotium"，来源于伊雷娜·约里奥−居里（居里夫人）的名字。但由于"nobelium"这个名字已经被使用了很长时间，所以并没有更换。

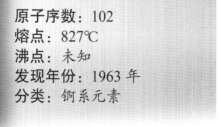

| 102 | No |
|-----|-----|
| **锘** | |
| [259] | |

原子序数：102
熔点：827℃
沸点：未知
发现年份：1963 年
分类：锕系元素

**你知道吗**

国际纯粹与应用化学联合会（IUPAC）是一个各国化学会的联合组织，以公认的化学命名权威著称，即该组织有权决定是谁首先发现了一种元素，以及谁有权为其命名。

# 铹

铹是另一种质量很大的金属，具有放射性。这种人工合成的元素无法稳定存在，它衰变的速度很快，因此，要研究它的性质简直难于登天！

## 其他争议

铹元素的发现同样伴随着争议：经过多次尝试，美国的劳伦斯伯克利国家实验室在 1961 年制造出了该元素的同位素。而苏联杜布纳联合核子研究所在 1965 年也成功用锎制造出了铹元素的同位素。最终，国际纯粹与应用化学联合会将这一发现归功于劳伦斯伯克利国家实验室。

劳伦斯伯克利国家实验室由诺贝尔奖得主欧内斯特·O.劳伦斯（Ernest O. Lawrence）创办，这间实验室和铹元素均以他的名字命名。

在回旋加速器中，带电粒子在电磁场的作用下，不断地加速，越转越快，获得极高的能量。

1930 年，劳伦斯发明了第一台回旋加速器，现在使用的大型强子对撞机可以说就是一个体积更大的回旋加速器。

| 103 | Lr |
| --- | --- |

# 铹
[262]

原子序数：103
熔点：1 627℃
沸点：未知
发现年份：1961 年
分类：锕系元素

# 铲

20 世纪 60 至 70 年代，来自美国、苏联以及其他国家的科学家们竞相合成第七周期中最重的元素。他们成功合成了铲元素、𨧀元素和𬭶元素，但每种元素仅得到了极少量的原子。

## 铲的纪念意义

1992 年，IUPAC 认定苏联和美国的科学家共同发现了铲元素。铲以科学家欧内斯特·卢瑟福的名字命名，卢瑟福初步解释了原子内部结构的奥秘，成为放射性研究领域的先驱。

卢瑟福提出了"半衰期"这一术语，用以描述放射性样本因衰变而减少到原来的一半时所需要的时间。

2015 年，一件名为"半衰期"的艺术装置在伦敦展出，其灵感就来自放射性元素的衰变周期的概念。

铲元素的半衰期最长不超过 1.3 小时。另外，科学家们已经证实，它与同属于第 ⅣB 族的锆、铪元素的化学性质相似。

| 104 | Rf |
| --- | --- |
| **铲** | |
| [267] | |

原子序数：104
熔点：未知
沸点：未知
发现年份：1964 年
族：第 ⅣB 族
分类：超铀元素

𝐃𝐔𝐁𝐍𝐀

铀元素的名字来源于苏联（现俄罗斯）的杜布纳联合核子研究所。

由于𝐃𝐮𝐛𝐧𝐚元素之后的元素的发现及命名引发了诸多争议，1986 年，IUPAC 和国际纯粹与应用物理联合会（IUPAP）这两个权威机构共同成立了镧系元素工作组，以期解决这些问题。

## 纷争不断

𝐃𝐮𝐛𝐧𝐚元素究竟是谁发现的，在这个问题上，科学家们争论了近 30 年。最终，苏联杜布纳联合核子研究所和美国劳伦斯伯克利国家实验室的科学家们被认定为该元素的共同发现者。

| 105 Db | |
|---|---|
| 钅杜 | |
| [268] | |

原子序数：105
熔点：未知
沸点：未知
发现年份：1968 年—1970 年
族：第 VB 族
分类：超铀元素

# 镇

科学家们发现，通过用较轻的原子核的离子来轰击较重的原子核，能制成超重元素。用这种方法，科学家将锎-249 作为目标元素发现，当它被碳原子核轰击时，可以合成𝐑𝐟元素；当它被氮原子核轰击时，可以合成𝐃𝐮𝐛𝐧𝐚元素；当它被氧原子核轰击时，则可以合成镇元素。

镇元素是有史以来第一个以当时在世者（西博格）的名字命名的。

## 原子化学

格伦·T.西博格是几种超铀元素的发现者。他发明了一种方法，能够在这些原子生成时提取出单个原子，从而在其衰变之前研究其化学反应。

| 106 Sg | |
|---|---|
| 镇 | |
| [269] | |

原子序数：106
熔点：未知
沸点：未知
发现年份：1974 年
族：第 VIA 族
分类：超铀元素

**你知道吗** 美国劳伦斯伯克利国家实验室的科学家们通过用氧原子核轰击锎，每一个小时就能制造出一个镇-263 原子，而这个原子的半衰期仅为 0.8 秒。

# 铍至镓

铍至镓这六种超重元素被制造出来的原子中，仅很少一部分供研究之用。其中，镙元素至铋元素都是由德国重离子研究中心（GSI）发现的，镙元素和铉元素就是以GSI所在的黑森州达姆施塔特市命名的。

铍元素是以尼尔斯·玻尔（Neils Bohr）的名字命名的，他曾与欧内斯特·卢瑟福合作，改进了卢瑟福的原子结构模型。

1807年的模型

1897年的模型

卢瑟福的模型

玻尔的模型

| 107　　　　Bh |
| 铍 |
| [270] |

原子序数：107
熔点：未知
沸点：未知
发现年份：1976年
族：第ⅦB族
分类：超铀元素

| 108　　　　Hs |
| 镙 |
| [269] |

原子序数：108
熔点：未知
沸点：未知
发现年份：1984年
族：第Ⅷ族
分类：超铀元素

| 109　　　　Mt |
| 鿏 |
| [277] |

原子序数：109
熔点：未知
沸点：未知
发现年份：1982年
族：第Ⅷ族
分类：超铀元素

| 110　　　　Ds |
| 铋 |
| [281] |

原子序数：110
熔点：未知
沸点：未知
发现年份：1994年
族：第Ⅷ族
分类：超铀元素

你知道吗

1982年，GSI用铁原子核对铋原子核进行了为期一周的轰击，仅制造出一个鿏原子，而且这个原子5毫秒后就衰变了。

## 可预测的性质

GSI 利用粒子加速器使原子核相互撞击，从而制造出质量更大的元素。尽管这些元素会迅速衰变成质量更小、更稳定的原子，但实验表明，这些超重元素的化学性质也与它们在元素周期表上的位置相吻合。

电磁铁能使离子以接近五分之一光速的速度轰击其他原子核。离子需要足够的能量使其与碰撞的原子核相互融合，但得到的能量过多又会导致原子核解体。

GSI 建成了一根长达 120 米的通用直线加速器（UNILAC）管道，能将离子射向另一端的目标原子核。

少数原子核能够成功融合，随后被收集起来进行识别。仅仅 1 秒钟，就足够科学家们对其进行试验。

| 111 | Rg |
|---|---|
| **铊** | |
| [282] | |

原子序数：111
熔点：未知
沸点：未知
发现年份：1994 年
族：第 IB 族
分类：超铀元素

| 112 | Cn |
|---|---|
| **鎶** | |
| [285] | |

原子序数：112
熔点：未知
沸点：未知
发现年份：1996 年
族：第 IIB 族
分类：超铀元素

# 钦至鿫

2016 年，随着钦、镆、石田和鿫元素被国际纯粹与应用化学联合会核准并发布，元素周期表的第七周期终于被填满了。这些元素的新名称取代了原来的临时占位符，而这些旧名称是原子序数的拉丁文写法，比如镆元素旧名"ununpentium"，意为第 115 位。

著名的核物理学家尤里·奥加涅相（Yuri Oganessian）有幸在生前以自己的名字命名了鿫元素。

| 113 Nh 钦 [286] | 原子序数：113<br>熔点：未知<br>沸点：未知<br>发现年份：2004 年<br>族：第ⅢA 族<br>分类：超铀元素 |
|---|---|

| 114 Fl 铁 [290] | 原子序数：114<br>熔点：未知<br>沸点：未知<br>发现年份：1999 年<br>族：第ⅣA 族<br>分类：超铀元素 |
|---|---|

| 115 Mc 镆 [290] | 原子序数：115<br>熔点：未知<br>沸点：未知<br>发现年份：2010 年<br>族：第ⅤA 族<br>分类：超铀元素 |
|---|---|

| 116 Lv 𬬭 [293] | 原子序数：116<br>熔点：未知<br>沸点：未知<br>发现年份：2000 年<br>族：第ⅥA 族<br>分类：超铀元素 |
|---|---|

## 合作研究

超重元素的发现得益于一些专业实验室多年持续的实验。20 世纪末，一些研究团队开始合作研究，铱元素的发现就是合作研究的产物。在俄罗斯，科学家们通过核聚变的方式用来自美国的镉元素合成了铱元素，以位于美国加利福尼亚的劳伦斯利弗莫尔国家实验室（LLNL）的名字命名这种元素。

核聚变有望在未来应用在清洁能源领域，并可能成为风力发电等可再生能源的补充或替代能源，助力人类实现环境和资源的可持续性。

目前可能还有质量更大的超重元素未被发现，为科学研究提供了诸多可能性。

| 117 | Ts |
| --- | --- |
| **础** | |
| [294] | |

原子序数：117
熔点：未知
沸点：未知
发现年份：2010 年
族：第ⅦA 族
分类：超铀元素

| 118 | Og |
| --- | --- |
| **氟** | |
| [294] | |

原子序数：118
熔点：未知
沸点：未知
发现年份：2006 年
族：第 0 族
分类：超铀元素

**你知道吗**　有一个关于元素周期表的奇怪的规律，原子序数为偶数的元素比原子序数为奇数的元素在自然界中的含量更丰富。

# 附录 I
# 名词解释

## B

**半导体**
导电性介于绝缘体和半导体之间的材料。

**半金属元素**
也称准金属元素，兼有一定金属性和非金属性的元素。

**半衰期**
放射性元素的原子核有半数发生衰变时所需要的时间。

## C

**材料**
材料是指可以直接制作成成品的物品，或在制造等过程中消耗的物品。

**掺杂**
向一种材料中添加少量其他物质以改善其性能。

**超导体**
在一定条件下，直流电阻率为零，且成为完全抗磁性的物质。

**超流体**
在特定条件下，流动时黏性阻力消失的液体。

## D

**导体**
电阻率小且易于传导电流的物体。

**电子**
原子中一种带负电的粒子。

**电子层**
原子核周围的云状区域，电子在其中运动。

## F

**放射性**
某些元素的不稳定原子核自发地放出射线而衰变的性质。

**分子**
保持物质化学性质的最小微粒。

**分子式**
一种化学符号，表示一个分子中存在的原子数量和种类。

## G

**光合作用**
植物利用光能将水和二氧化碳转化为有机物（葡萄糖等）的过程。

## H

**合成**
人为制造的，而非自然发生的。

**合金**
由两种或两种以上元素（其中至少有一种是金属）组成的具有金属特性的物质。

**呼吸作用**
生物体利用葡萄糖等有机物进行化学反应，并释放能量的过程。

**化合物**
含有不同种元素的纯净物称为化合物。

**化石燃料**
包括煤、石油和天然气等。它们是不可再生能源，燃烧会加剧气候变化。

**化学反应**
参加反应的各物质的原子重新组合，并生成新物质的过程。

**化学键**
相邻原子或离子之间存在的强烈的相互作用称为化学键。原子可通过共用电子（共价键）或得、失电子（离子键）来形成化学键。

**活泼性**
用于衡量元素与其他物质反应的难易程度。

## J

**碱**
电离时生成的阴离子全部为氢氧根离子的一类化合物。

**晶体**
由分子、原子或离子按照一定的规则排列而形成的具有特定几何形状的固体。

**聚合物**
由重复结构的单体经过聚合反应合成的大分子化合物。

**绝缘体**
极难传导热量或电的物体。

## K

**矿物**
通常是指具有确定的化学成分的天然化合物，具有稳定的原子排列规则和性质。

## L

**离子**
由于失去或得到电子而带电的粒子。阳离子带正电,阴离子带负电。

**炼金术士**
一些早期的科学家,他们希望通过炼金术将一种物质转化为另一种物质,如将普通的金属转变为黄金等。

## M

**密度**
等于物质的质量与它的体积之比。

## N

**纳米颗粒**
长度或宽度不超过 100 纳米(0.000 1 毫米)的粒子。研究和使用纳米颗粒的技术被称为纳米技术。

## R

**溶解**
一种物质(溶质)均匀地分散在另一种物质(溶剂)中的过程。

**溶液**
两种或两种以上的物质混合形成的均匀、稳定的分散体系叫作溶液。

## S

**衰变系**
放射性同位素衰变过程中产生的一系列元素。

**酸**
电离时所产生的阳离子全部都是氢离子的一类化合物。

## T

**烃**
仅含有碳和氢两种元素的有机化合物。

**同素异形体**
同一种元素所形成的不同的单质。

**同位素**
质子数相同而中子数不同的同种元素的不同核素互称为同位素。

**脱氧核糖核酸(DNA)**
一种存在于细胞中的携带生物体遗传信息的分子。

## W

**物质**
独立存在于人的意识之外的客观实在。

**物质状态**
物质的状态取决于粒子的排列方式,主要包括固态、液态和气态。

## Y

**亚原子粒子**
原子内部的粒子,包括电子、质子和中子。

**阳极氧化**
在金属表面增加一层氧化物的反应。

**氧化变色**
当金属与空气中的氧气发生反应时,金属会变得暗淡并变色。

**氧化反应**
一种化学反应,广义上是指反应物在化学反应中失去电子的反应。

## 叶绿素
一种常见的绿色色素,它能够吸收光能,并将其转化为植物所需的化学能。

**有机物**
除一氧化碳、二氧化碳、碳酸及碳酸盐等少数简单含碳化合物以外的含碳化合物。生物体内有很多有机物。

**宇宙大爆炸**
据说大约 140 亿年前,宇宙起源于一场大爆炸。

**元素**
同一类原子的总称。

**原子**
化学变化中的最小粒子。

**原子核**
原子的中心。

**原子序数**
元素在元素周期表中排列的序号,它在数值上与质子数相同。

## Z

**质子**
原子核(原子中心)中带正电的粒子。

**中子**
原子核中的粒子。中子不带电(既不带正电也不带负电)。

# 附录 II
# 元素周期表

图例说明

原子序数 —— 1 H —— 元素符号
氢 —— 元素名称
1.008 —— 相对原子质量

图例颜色：碱金属　碱土金属　过渡金属　后过渡金属　准金属　非金属　卤素　稀有气体　镧系元素　锕系元素

| 周期 | IA 1 | IIA 2 | IIIB 3 | IVB 4 | VB 5 | VIB 6 | VIIB 7 | VIII 8 | VIII 9 | VIII 10 | IB 11 | IIB 12 | IIIA 13 | IVA 14 | VA 15 | VIA 16 | VIIA 17 | O 18 |
|---|---|---|---|---|---|---|---|---|---|---|---|---|---|---|---|---|---|---|
| 1 | 1 H 氢 1.008 | | | | | | | | | | | | | | | | | 2 He 氦 4.003 |
| 2 | 3 Li 锂 6.94 | 4 Be 铍 9.012 | | | | | | | | | | | 5 B 硼 10.81 | 6 C 碳 12.01 | 7 N 氮 14.01 | 8 O 氧 16.00 | 9 F 氟 19.00 | 10 Ne 氖 20.18 |
| 3 | 11 Na 钠 22.99 | 12 Mg 镁 24.30 | | | | | | | | | | | 13 Al 铝 26.98 | 14 Si 硅 28.08 | 15 P 磷 30.97 | 16 S 硫 32.06 | 17 Cl 氯 35.45 | 18 Ar 氩 39.95 |
| 4 | 19 K 钾 39.10 | 20 Ca 钙 40.08 | 21 Sc 钪 44.96 | 22 Ti 钛 47.87 | 23 V 钒 50.94 | 24 Cr 铬 52.00 | 25 Mn 锰 54.94 | 26 Fe 铁 55.84 | 27 Co 钴 58.93 | 28 Ni 镍 58.69 | 29 Cu 铜 63.55 | 30 Zn 锌 65.38 | 31 Ga 镓 69.72 | 32 Ge 锗 72.63 | 33 As 砷 74.92 | 34 Se 硒 78.97 | 35 Br 溴 79.90 | 36 Kr 氪 83.80 |
| 5 | 37 Rb 铷 85.47 | 38 Sr 锶 87.62 | 39 Y 钇 88.91 | 40 Zr 锆 91.22 | 41 Nb 铌 92.91 | 42 Mo 钼 95.95 | 43 Tc 锝 [97] | 44 Ru 钌 101.1 | 45 Rh 铑 102.9 | 46 Pd 钯 106.4 | 47 Ag 银 107.9 | 48 Cd 镉 112.4 | 49 In 铟 114.8 | 50 Sn 锡 118.7 | 51 Sb 锑 121.8 | 52 Te 碲 127.6 | 53 I 碘 126.9 | 54 Xe 氙 131.3 |
| 6 | 55 Cs 铯 132.9 | 56 Ba 钡 137.3 | 57~71 La~Lu 镧系 | 72 Hf 铪 178.5 | 73 Ta 钽 180.9 | 74 W 钨 183.8 | 75 Re 铼 186.2 | 76 Os 锇 190.2 | 77 Ir 铱 192.2 | 78 Pt 铂 195.1 | 79 Au 金 197.0 | 80 Hg 汞 200.6 | 81 Tl 铊 204.4 | 82 Pb 铅 207.2 | 83 Bi 铋 209.0 | 84 Po 钋 [209] | 85 At 砹 [210] | 86 Rn 氡 [222] |
| 7 | 87 Fr 钫 [223] | 88 Ra 镭 [226] | 89~103 Ac~Lr 锕系 | 104 Rf 𬬻 [267] | 105 Db 𬭊 [268] | 106 Sg 𬭳 [269] | 107 Bh 𬭛 [270] | 108 Hs 𬭶 [269] | 109 Mt 鿏 [277] | 110 Ds 𫟼 [281] | 111 Rg 轮 [282] | 112 Cn 鎶 [285] | 113 Nh 鿭 [286] | 114 Fl 𫓧 [290] | 115 Mc 镆 [290] | 116 Lv 𫟼 [293] | 117 Ts 鿬 [294] | 118 Og 鿫 [294] |

镧系：

| 57 La 镧 138.9 | 58 Ce 铈 140.1 | 59 Pr 镨 140.9 | 60 Nd 钕 144.2 | 61 Pm 钷 [145] | 62 Sm 钐 150.4 | 63 Eu 铕 152.0 | 64 Gd 钆 157.2 | 65 Tb 铽 158.9 | 66 Dy 镝 162.5 | 67 Ho 钬 164.9 | 68 Er 铒 167.3 | 69 Tm 铥 168.9 | 70 Yb 镱 173.0 | 71 Lu 镥 175.0 |
|---|---|---|---|---|---|---|---|---|---|---|---|---|---|---|

锕系：

| 89 Ac 锕 [227] | 90 Th 钍 232.0 | 91 Pa 镤 231.0 | 92 U 铀 238.0 | 93 Np 镎 [237] | 94 Pu 钚 [244] | 95 Am 镅 [243] | 96 Cm 锔 [247] | 97 Bk 锫 [247] | 98 Cf 锎 [251] | 99 Es 锿 [252] | 100 Fm 镄 [257] | 101 Md 钔 [258] | 102 No 锘 [259] | 103 Lr 铹 [262] |
|---|---|---|---|---|---|---|---|---|---|---|---|---|---|---|